巧厨娘·人气食单

爆款西点

王森　编著

青岛出版社
QINGDAO PUBLISHING HOUSE

美食与爱
不可辜负

时光流逝，曾经吃过的美食的味道却在渐行渐远的岁月里，逐渐沉淀而历久弥新。

每一次的美食体验都与那些不同的人物主角、时间、地点的记忆交织在一起，愈发记忆深刻。回味起的都是伴着亲情、友情、爱情的属于自己的味蕾记忆。

饥饿时的一碗面，寒冷时的一碗热汤，早餐时的一碗鸡蛋羹，节日聚餐时的烤肉串，开心时的一块抹茶蛋糕，悲伤时的一碗沁人心脾的香草冰淇淋，这就是人生的真谛，不是吗？

在每一个不繁忙、不拥挤、不喧嚣、没有争吵的周末，上街买菜回家淘米，踩着拖鞋系着围裙下厨房，是世上最美丽而浪漫的一件事情。对待食物像对待感情一样，唯有用心烹制，才有齿间留香的余味萦绕。

这世上的好女子和好男儿，皆应在炒锅前的炊烟袅袅中浸染过，才知道生活是一件不光严肃且慵懒的事。曾经吃过的美食带着爱，滋养着我们的心肝脾肺，并继续滋养着我们的子孙后代。因着此意，有了这套主打"人气食单"的美食图书。不管是喜食传统中餐的年长父母，还是开放成长中造就的中西餐结合的馋猫孩子；不管是阅遍酒店宠辱不惊的吃货爸爸，还是讲究精致生活的小资辣妈……一套书教你开启通往幸福的阿里巴巴之芝麻开门术。

"巧厨娘·人气食单"系列首批与您见面的包括《爆款家常菜》《爆款多国籍料理》《爆款西点》《爆款烧烤》4本。本书为《爆款西点》，主要包括饼干、蛋糕、面包、甜品零食4个部分。每一款美食都是通过精心制作烘培而成，制作过程图文并茂、步骤齐全。每一款美食的呈现都有推荐指数、推荐理由、原料准备、制作过程、图片及要点，一定可以让读者全方位、多角度地学习和掌握各式西点制作。爆款西点是本书的主题，因此书中所选西点都是简单易做的，助您成功成为家庭西点制作人。

因时间仓促及水平有限，疏漏之处在所难免，恳请各位读者不吝批评指正。

2016年10月

第一篇 **西点制作基础知识**

第二篇 **爆款饼干**

目录

第三篇　爆款蛋糕

第四篇　爆款面包

目录

第五篇　爆款甜点、零食

附录　西点师手记

第一篇

西点制作基础知识

　　生活偶尔复杂却也简单，换个角度看世界它就会变得很美。

　　食物是供给身体能量的必需品，如果花心思对待，它同样会给你很多快乐的体验与感受。学会分享，学会满足，学会付出，烘焙就不仅仅是烘焙，你还会收获得更多。

1. 烘焙工具

称量类工具

量杯
在称量液体材料时使用，能使称量更为方便快捷。

量勺
可用于称量少量的液体或粉类材料。

量匙
计量材料使用，在需要材料克数较少时使用，更加方便。

电子秤
可精准地称量材料，在选用时最好使用可以精确到克的电子秤。

搅拌类工具

打蛋器
打少量的蛋糊时可用其手工搅打。购买时宜选择网丝质地坚挺的。

搅拌盆
使用时以右手拿打蛋器，左手转盆，两手以相反方向搅打蛋糊。

打蛋盆
一般为不锈钢材质，可用来盛放材料、称量材料和混合材料，也可用于发酵面团。分大、中、小三种型号，可根据需要选择。

手提搅拌机
适合原料量较少时搅打，是制作简单的蛋糕、饼干不可或缺的工具。如果喜欢做烘焙，这个设备一定要买哦。

厨师机
可将材料搅拌均匀，形成面团。如果没有厨师机，就需要通过揉面来整理面团。

橡皮刮刀

可用于调拌面糊或刮净打蛋盆内的材料，分为平口、长柄、短柄等几种。由于能耐高温又有弯曲性，非常方便搅拌面糊，所以橡皮刮刀是制作蛋糕、饼干时必备的工具。

直刮板

用于切割面团，刮取粘在搅拌盆或工作台上的面屑、粉类，以便进一步搓揉。也可用来涂抹、刮平馅料或蛋糕面。

圆弧刮板

用来方便从桶底刮起沉淀的、未拌匀的材料。

常见压模与模具

各种形状的压模

五瓣花模

心形模

派模

塔模

造型模具

在进行面包造型时使用的模具。

纸杯模具

做杯子蛋糕必备的纸杯模具，有各种花型，可以挑选不同的样式。

吐司模具

制作吐司时使用，有大小之分。

藤模

在面包最后醒发阶段使用，一般用于欧式面包的制作。

烤布、烤盘与烤模

不粘布

不粘黏、耐高温，方便把面糊挤在上面，烤好后即可取出成品。在烤饼干时属于必备品。

特氟龙烤盘

用于盛装面团或面糊进烤箱，分为不锈钢制品和铝制品，耐高温，盘底可略涂少许油以利于脱模。也可以在盘底上垫些油纸。

深烤盘

常见的是黑色铁皮金属材质做成的长方形烤盘。

矽力康烤模

储存方便又易于清洗，但价格要略高于铸铁烤盘。家庭使用建议用小点的、既能耐高温又能耐冷冻的矽力康软胶烤模。

其他工具

温度计

用来测量面团温度和室温，发酵时候使用较多。

毛刷

用来涂刷之用，例如刷蛋液、涂油、刷果胶等。

家用烤箱

烘烤西点，有些还有发酵等功能。建议购买可以上下管加热，且有温度和时间刻度及旋环风功能的电烤箱，容积最好能放下一个8寸蛋糕。

擀面杖

把面团擀平整，方便造型。也用于面团排气。

粉类

低筋面粉

简称低粉，是蛋白质含量较低的面粉，一般蛋白质的含量在8.5%以下，通常用来制作蛋糕及饼干。

高筋面粉

简称高粉，是蛋白质含量平均为13.5%左右的面粉。高粉颜色较深，本身较有活性且光滑，手抓不易成团状，筋度强。主要用来制作面包。

中筋面粉

简称中粉，其蛋白质含量介于高筋面粉和低筋面粉之间。如果买不到成品的中筋面粉，也可以把高筋面粉和低筋面粉混在一起当作中筋面粉使用。这种面粉适合用于制作包子、馒头及各式中式点心等。

全麦面粉

是整粒小麦（包含了麸皮与胚芽）磨成的粉，有较浓的麦香味，与一般面粉相比颗粒较为粗糙。

玉米粉

呈白色粉末状，具有凝胶的特性。添加在蛋糕制作中，可以让面糊筋性减弱，蛋糕组织更为绵细。

黑麦粉

黑麦粉是以黑麦谷磨成的粉，具有酸味和独特的风味，与一般面粉相比色泽较为暗沉。

杏仁粉

由杏仁磨成的粉，可增加饼干的营养与香气，有时也可用其来代替低筋面粉。添加在蛋糕中，可丰富蛋糕的口感。

椰子粉

椰子粉是由椰子的果实研磨制成的，用于蛋糕制作中，可以改变蛋糕的口味。

抹茶粉

抹茶粉是采用天然石磨碾磨绿茶而成的。将绿茶用于蛋糕制作中，可以起到改善蛋糕口味的作用。

▶ *Tips*（小贴士）

黑麦粉、全麦粉等本身不带筋度，制作面包时需要与高粉相混合。这些粉类的加入，主要是为了增加面包的香气，或者调节面包的色泽。

乳制品、油脂类

奶粉

用在西点制作中，可以增加奶香味。为方便制作，也可买鲜奶来代替。

鲜奶

即为鲜牛奶，用在蛋糕中，可以增加面团的湿润度和蛋糕的乳香味。

炼乳

呈乳白色浓稠状，由新鲜牛奶蒸发提炼而成。

奶酪

奶酪是用牛奶制成的半发酵品，常用来制作奶酪蛋糕或慕斯，需要在冷藏室中冷藏储存。

奶油

奶油是由牛奶提炼而成的，制作蛋糕时常常使用无盐奶油。奶油需要冷藏保存。

黄油

又叫乳脂、白脱油，是将新鲜牛奶加以搅拌之后上层的浓稠状物体滤去部分水分之后的产物。优质黄油色泽浅黄，质地均匀、细腻，切面无水分渗出，气味芬芳。

糖类

细砂糖

西式甜点甜味剂，颗粒较为细小，容易搅拌化开。

红糖

又称黑糖，具有浓郁的焦香味。

蜂蜜

添加在蛋糕中，具有保湿及上色效果。

糖粉

白色粉末状的糖，更容易在液体中化开。

发酵剂、膨胀剂

泡打粉（BP）
泡打粉简称BP，与面粉在一起使用，能起到膨松的效果。

蛋糕乳化剂（SP）
蛋糕乳化剂简称SP，制作蛋糕时的添加剂，可以达到使蛋糕组织松软绵细的效果。

酵母

酵母是一种菌类。它以糖分为营养，释放出来大量的二氧化碳和葡萄糖，使面包膨胀，内部组织松软。酵母一般有三种：新鲜酵母、干性酵母和速溶酵母。

①新鲜酵母

新鲜酵母发酵速度较快，但发酵耐力稍差于干性酵母。

因含有大量水分，所以新鲜酵母必须保持在低温的环境中，使用时可随时取用，将其与面粉一起搅拌，即可在短时间内产生发酵作用。

②干性酵母

干性酵母的使用量应为新鲜酵母的一半。使用时先在30～40℃的温水中加入少量糖（水和酵母的比例为1：5，加入的糖的分量为酵母分量的2%），然后将干性酵母加入温水里，浸泡5～10分钟，软化后再加入面粉中搅拌。如果直接加入面粉内搅拌，干性酵母会因为颗粒大无法溶解而失去作用。

③速溶酵母

速溶酵母类似粉状，溶解力强，能迅速恢复发酵作用，因此发酵速度比干性酵母快，稍微差于新鲜酵母。而且速溶酵母的活力强，使用量少于干性酵母。

因为速溶酵母使用方便且易于保存，所以在面包制作中大多使用速溶酵母。

常用坚果、干果

核桃

西点制作中常用的坚果，可添加在面团或面糊中，增加产品的美味。

芝麻

可添加在面团中，也可以用作表面装饰。

杏仁片

由整粒的杏仁切片而成，常用于表面装饰。

杏仁碎

由整粒的杏仁切碎而成。

葡萄干

经常添加在面包或者蛋糕内，可以增加产品的风味。

蔓越莓干

添加在面包或蛋糕内，以增加风味。如果颗粒过大，使用前要先切碎。

橄榄

一般先经过腌制，常用于装饰在西点表面。

蜜红豆

经过熬煮蜜渍过后呈完整颗粒状的红豆，常添加于面糊内，以增添西点的风味。

巧克力类

黑巧克力

常隔水化开后使用，可以用于面糊制作或者装饰在西点表面。

白巧克力

常隔水化开后使用，可以用于面糊制作或者装饰在西点表面。

水果、果汁、果酱类

香蕉

切片使用，可用于蛋糕表面装饰，也可切碎拌在面糊内。

小番茄

一般切片或者整个放在蛋糕表面，起装饰作用。

芒果果酱

果酱可以用来加入面糊内或者用于制作馅料，使西点更为美味。

橙汁

可以加入面糊或者馅料中调味。

椰汁

由椰肉碾磨加工而成，用于西点的制作，以增加西点的风味。

白兰地

通常选用酒精度较低的白兰地，可以增加西点的风味。

蛋类

鸡蛋

鸡蛋是制作蛋糕必不可少的原料。可以全蛋使用，也可以只使用蛋黄或者蛋白。如天使蛋糕即为只使用蛋白、不使用蛋黄制作的蛋糕。蛋白是增加面筋强度最好的材料，将蛋白用于制作白吐司面包最为合适。蛋白是韧性材料，有助于增加面筋强度，促进水分的吸收，促使面团组织结合乳化功能。制作面包时加入蛋白，内部会变得洁白富有韧性。又因蛋白无色无味，适合白吐司使用，更有助于加大烘焙的弹性。

蛋黄用于烘焙时有"美容"效果，通常用量较少。高级硬质面包适合用蛋黄，可以达到质松味佳的效果。一般软体面包若加入大量蛋黄，就会破坏面团的组织结构。

① 制作饼干的关键步骤

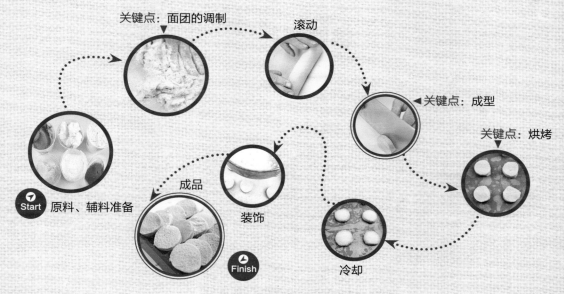

关键点：面团的调制　滚动

关键点：成型

关键点：烘烤

Start　原料、辅料准备

成品

装饰

冷却

Finish

色香味俱佳的饼干制作示意图

准备工作

(1)对制作步骤要熟悉： 在制作前要先仔细阅读本书中关于材料准备、工具准备和面团揉制、成型、烘烤、装饰等知识，了解需要的材料，知道可能需要的预处理时间。

(2)原料、辅料的准备： 操作前，确保所有必须使用的材料均在"最佳"状态下，才可以顺利进行材料的搅拌、打发及拌匀等动作。

▶要点1

　　用于搅拌的容器在使用前最好在冰箱中冷藏一段时间，这样在使用时打出来的浆料或面糊才会好用；冬天要先将黄油放在室温下软化；有些装饰材料需要提前加热或化开等。

▶要点2

　　夏天要将鸡蛋冷藏在冰箱里一小会儿再用。如果是已经冷藏在冰箱里的鸡蛋，拿出来后要放在室温下让它退冰，不然蛋液不容易和其他原料结合。因此，制作前必须先将蛋放于室温下回温。

(3)称量工具的准备：应该用可精确到1克的电子秤，否则误差过大，完成后的成品往往与书上的相差甚远。事先还应根据配方准确地称量好原料，这样能避免制作时手忙脚乱而导致的失败。

(4)烤箱预热的准备：假设温度设定是180℃，预热后，电热管变红时是加热状态，待加热管变黑后，温度会接近180℃，然后电热管用余热将温度提高到180℃左右，此时就达到了设定温度。

调制面糊或面团

(1)调制面糊或面团前应知的要点

粉类过筛防结块：制作饼干的低筋粉，因为蛋白质含量较低，即使未受潮，放置一段时间之后依然会结块，将粉类过筛，是为了避免结块的粉类直接加入其他材料时有小颗粒产生，这样烘焙出来的饼干口感才会比较细致。除面粉外，通常还有其他如泡打粉、玉米粉、可可粉等干粉类材料都要过筛。

（过筛）

奶油化开利于拌匀：奶油冷藏或冷冻后，质地会变硬，如果在制作前没有事先取出退冰软化，将会难以操作打发，软化奶油打发后，才适合与其他粉类搅拌，否则面团会变得很硬。视制作时的不同需求，则有软化奶油或将奶油完全化开两种不同的处理方法。

最简单的软化奶油的方法是取出奶油，置放于室温下待其软化。软化需要多长时间，要视先前奶油被冷藏或冷冻的程度而定，奶油只要软化到手指稍使力按压，可以轻易压出凹陷的程度即可。但是要制作挤压类的奶油，则

需要完全化成液态才行，要想把奶油变成液态必须加热奶油才行，放在烤箱内加热或是放在铁盆中用明火加热均可，加热好的油要等略微降温后方可与其他材料搅拌，否则温度过高的油会将与之混合的材料烫熟。

（奶油化开）

分次加蛋：制作有些种类的饼干时，要分次加入鸡蛋才能将其与材料混合拌匀，如果一次全部加入就会出现蛋油分离的现象，比如在糖油拌和之后，蛋须先打散成蛋液后再分2~3次加入，因为一颗蛋里大约含有74%的水分，如果一次将所有蛋液全部倒入奶油糊里，油脂和水不容易结合，造成油水分离，搅合拌匀会非常吃力。

（分次加蛋）

(2)面糊或面团的拌和法

依食材的特性，饼干面团区分为湿性与干性两类，再以不同的拌和方式与顺序，而呈现面糊与面团，最常用的方式如下：

糖油拌和法： 先湿后干的材料组合，即奶油在室温下软化后，分次加入蛋液或其他湿性材料，再陆续加入干性材料混合成面糊或面团。其关键步骤如下图：

油糖混合　　　　　　加蛋搅拌　　　　　　加入粉料　　　　　　揉成面团

油粉拌和法： 先干后湿的材料组合，即所有的干性材料，包括面粉、泡打粉、小苏打粉、糖粉等先混合，再加入奶油（或白油）用双手轻轻搓揉成松散状，再陆续加入湿性的蛋液或其他的液体材料，混合成面糊或面团。例如芝麻奶酥饼。

粉料混合　　　　　加入蛋液和奶油　　　　　充分搅拌　　　　　揉成面团

液体拌和法： 将干性材料的各种食材，例如干果、坚果及面粉等，直接拌入化开后的奶油或其他液体食材中，混合均匀即可塑形。例如芝麻饼、蜂巢薄饼等。

搅打奶油　　　　　加入干性食材　　　　　拌入粉料　　　　　挤制成品

(3)面糊正确和错误的拌和方法举例

正确的方法：利用橡皮刮刀将奶油糊与粉料做切、压、刮的拌和动作，同时以不规则的方向操作。

①干性材料（粉料）筛入打发后的奶油糊之上。

②橡皮刮刀的刀面呈"直立状"并左右切着奶油糊与粉料。

③再配合橡皮刮刀的刀面呈"平面状"压材料的动作。

④再配合橡皮刮刀刮底部粘黏的材料。

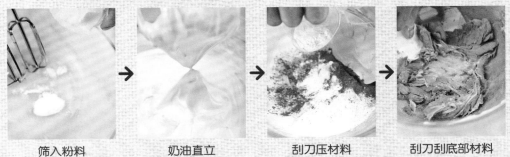

| 筛入粉料 | 奶油直立 | 刮刀压材料 | 刮刀刮底部材料 |

错误方法1：当干性材料的粉料筛在湿性材料的奶油糊之上时，用橡皮刮刀一直转圈圈（规则的）搅拌。这样操作面糊易出筋，就不会有好口感。

错误方法2：搅拌时使用打蛋器，使干性材料、湿性材料不易拌和而塞在一起。同时过度用力搅拌，导致有出筋的后果。

(4)面团正确和错误的拌和方法举例

正确的方法：因湿性材料含量低，可用橡皮刮刀及手以渐进的方式将材料抓成团状。

①一开始用橡皮刮刀或手，先将湿性材料（如奶油糊）与干性材料（如粉料）稍做混合。

②继续用橡皮刮刀或手将材料渐渐地拌成松散状。

③最后用手掌，将所有材料抓成均匀的团状。

面团的拌和有两种方法：

a.切拌法（即切拌折叠法）：用橡皮刮刀将材料渐渐切拌成松散状，另一只手只负责把翻过来了的面团压实一点。

| 刮刀切拌 | 用刮刀压实 | 用手压实 | 反复操作 |

b.搓（压）拌法（即压拌折叠法）

用手搅拌　　　　掌心搓压　　　　掌心推压　　　　反复搓压

错误方法一：用手用力搓揉，如同制作面包揉面的手法。

错误方法二：用搅拌机快速并过度搅打。

以上两项，均会造成面团出筋。

饼干的成型

完成了面团和面糊的制作，接下来的塑形，就必须掌握外观与控制大小的动作，否则随性的结果会直接影响成品烘烤后的品质，因此，在同一烤盘内的造型，必须遵守以下三点：

(1)大小一致。例如手工塑形的饼干，分量拿捏尽量精确，最好以电子秤计量。

(2)厚度一致。例如利用刀切的饼干，面团的厚度要控制好，最好在0.8~1厘米为宜。手工塑形的饼干，厚度要一致，边缘不可过薄，否则容易烤焦。

(3)形状一致。例如利用饼干刻模做造型的饼干，所选用的模型要一致。

饼干的烘烤

(1)烤箱的预热

在烘烤之前，必须先提前10分钟把烤箱调至烘烤温度空烧（烤箱愈大所需预热时间就愈长），让烤箱提前达到所需要的烘烤温度，使饼干一放进烤箱就可以烘烤，否则烤出来的饼干又硬又干，影响口感。烤箱预热的动作，也可使饼干面团定型，尤其是乳沫类饼干从打发之后就开始逐渐消泡，更要立刻放进烤箱烘烤。

(2)饼干的排放要有间隔

因为加热后会再膨胀，所以面团在烤盘上排放时，饼干之间要有些间隔，以免相互粘黏在一起。另外，挤在烤盘上的面糊，除了同样彼此之间要留间隔以外，大小厚度也需均匀一致，才不会出现有的已烤焦了、有的却还半生不熟的现象。

(3)正确烘烤饼干的八个关键点

①家庭一般烤箱，烘烤前10~15分钟，开始准备以上下火180℃预热，成品受热才会均匀。

②除非例外，否则大部分成品都以上火大、下火小的温度烘烤，如烤箱无法控制上下火时，则以平均温度烘烤饼干即可。

③家庭式的烘烤，需避免高温瞬间上色，否则面团内部不易烤干熟透。

④不要一个温度烤到底，中途可依上色程度而降温度调低续烤，也就是"低温慢烤"，较易掌握成品外观的品质。

⑤成品已达上色效果及九分熟的状态即可关火，利用余温，以焖的方式将水分烘干。

⑥一般成品（除薄片饼干外），烘烤约20分钟后，观察上色是否均匀，来决定是否需将烤盘的内外位置调换。

⑦本书中的烘烤温度与时间的数值均为参考值，一般成品（除薄片饼干外），烘烤25~30分钟后，如上色的程度过浅，需随机加长时间与调整温度。

⑧出炉后的成品放凉后，如仍无法呈现酥或脆的应有口感及硬的触感，可视情况再以低温约150℃烘烤数分钟，即可改善。

饼干在烤盘中的排列

② 制作蛋糕的关键步骤

▶要点1

不同的蛋糕选择不同的面粉

在制作蛋糕时，面粉的质量直接影响着蛋糕的质量。制作蛋糕的面粉一般应选用低筋面粉，因低筋面粉无筋力，制成的蛋糕特别松软，体积膨大，表面平整。如没有低筋面粉，可用中筋面粉或高筋面粉加适量玉米淀粉配制而成。

制作海绵类蛋糕宜选用低筋面粉，制作油脂类蛋糕则多选用中筋面粉，这是因为油脂类蛋糕本身结构比海绵类蛋糕松散，选用中筋面粉，可以使蛋糕的结构得到进一步加强，从而使蛋糕内部变得更加紧密而不松散。

▶要点2

选择新鲜的鸡蛋

购买时应挑选蛋壳完整、表面粗糙的鸡蛋，这类的鸡蛋较新鲜。若将鸡蛋置于冰箱冷藏，在使用之前应该先将鸡蛋取出，置于室温中一会儿再使用。制作蛋糕时，若将蛋黄与蛋白分离，一定要分得非常干净，蛋白中不可夹有一丝蛋黄，否则蛋白就不能打发。

▶要点3

蛋白要高速搅打

蛋糕的另一主要原料是鸡蛋,鸡蛋的膨松主要依赖蛋白中的胚乳蛋白,而胚乳蛋白只有在受到高速搅打时,才能大量地包裹空气,形成气泡,使蛋糕的体积增大膨松,故在搅打蛋白时,宜高速而不宜使用低速搅打。

▶要点4

烤模的使用方法

传统制作蛋糕的方法,往往在有底的模具内壁涂油,这样做出来的蛋糕的边上往往有颜色且底层色较深。现在可使用蛋糕圈制作蛋糕,只需在圈底垫上一张白纸替代涂油,做出来的蛋糕边上无色且底层色较淡,可以节约成本,包括节约表皮及底层的蛋糕。

烤蛋糕的烤模在使用前需先涂抹一层薄薄的奶油,再撒上一层高筋面粉,或是先用防粘纸铺在烤模内部,这样烤好的蛋糕才不会粘黏。烘焙点心时的烤盘也应先涂上薄薄的一层油以防粘黏,也可以在烤盘铺上蜡纸及其他预防粘黏的底纸。

蛋糕烤熟、凉透后,一直到使用之前时,才脱去蛋糕圈,揭去底部的纸,以保证蛋糕不被风干而影响质量。

▶要点5

材料混合的方法

无论是要混合什么样的材料,都要分次加入而不是将所有材料全部一次性加入,这样才能使制作出来的蛋糕口感细腻。例如将面粉与奶油混合时,要先倒入一半的面粉,再用刮刀将奶油与面粉由下往上混合搅拌完全后,再将另一半的面粉加入拌匀。将面粉加入到蛋液中也是一样,如果将面粉一次全部倒入,不仅搅拌起来费力,而且材料也不容易混合完全,会有结块的情况产生。此外,加入粉状材料拌合时,只要轻轻用橡皮刮刀拌合即可,不要太用力搅拌,因为这样会使面粉出筋,做出来的蛋糕会比较硬。在打发奶油、蛋黄液或蛋白液时,加入的糖也要分2~3次加入,并充分搅拌均匀。

▶要点6

烤箱要提前预热

在烘烤蛋糕之前,烤箱必须进行预热,否则烤出的蛋糕松软度及弹性都将受到影响。搅打蛋糕的器具必须洁净,尤其不能碰油脂类物品,否则蛋糕会不能打发,从而影响蛋糕的质量及口感。

▶要点7

烘烤温度的决定因素

蛋糕的烘烤温度取决于蛋糕内混合物的多少,混合物愈多,烘烤的温度愈低;反之,混合物愈少,烘烤的温度则要相应提高。

烘焙时间的决定因素

蛋糕烘焙的时间取决于烤箱的温度及蛋糕包含混合物的多少，以及使用哪种搅打法等。一般来说，时间愈长，烘烤温度就愈低；反之烘烤时间愈短，烘烤温度则愈高。大蛋糕烘烤温度低，时间长；小蛋糕则烘烤温度高，时间短。

蛋糕表面平整的方法

烤好的蛋糕要趁热覆在蛋糕板上，这样可以使蛋糕所含的水分不会过多地挥发，保持蛋糕的湿度。另外还可趁蛋糕热、外形还没有完全固定时，把蛋糕翻过来，这样可以依靠蛋糕本身的重量使蛋糕的表面更趋平整。

烘烤时的注意事项

烤箱在烘烤前一定要先预热到所需的温度，体积大的蛋糕需用低温长时间烘焙。烘烤时，若担心蛋糕外表烤得太焦，可将蛋糕表皮烤至呈金黄色后，在蛋糕表面覆盖上一层铝箔纸隔开上火。

小蛋糕烘烤时则是相反，烤时需用高温，时间上也较短。主要是小蛋糕若经低温长时间烘烤，会失水太多而使得成品太干，不论烤何种蛋糕，烘烤中绝对不能将烤箱打开，否则会影响蛋糕成品。刚烤好的蛋糕很容易破损，应轻轻取出放在平网上使其散热。戚风蛋糕烤好后应立即倒扣于架上，这样可以防止蛋糕遇冷后塌陷，而且蛋糕的组织也会更松软，且不会将蛋糕闷湿了。

③ 制作面包的基本步骤

准备工作

在开始正式制作面包前，需要做一些准备工作：
①要确认面包制作工具齐全。
②把需要用秤称量的材料准备好，材料一般分为干性材料和湿性材料。其中干性材料包括面粉、酵母、盐、糖、奶粉、麦芽精等；湿性材料包括牛奶、水、鸡蛋等。
③开始材料的称量。
④使用量勺称量需要的分量较少的材料，如酵母等。
在材料称量好后，就可以开始制作面包了。

和面

（1）搅拌机和面

把干性材料混合好，放入盆中。把湿性材料混合在一起，备用。

如果有搅拌机，可倒入搅拌机直接进行搅拌。面团在搅拌机里会经过以下四个阶段。

  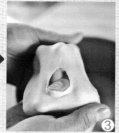 

① 将干性材料倒入搅拌机，然后倒入湿性材料，搅拌均匀，形成湿黏的面糊状态，没有弹性和伸展性，即水化阶段（如果配方中湿性材料较少，则会形成面团状态）。

② 继续搅拌，会到面团卷起阶段。由于面团的吸湿性，这时面团会变干燥，而不会黏附在面缸上。表面硬而粗糙，没有光泽，有一些粘手，缺乏弹性和伸展性，用手拉面团时，容易断裂。

③ 第三个阶段，即面团扩展阶段。面团表面呈现出光泽，面团结实而有弹性。这时面筋开始扩展，面团仍然有黏性会黏附在面缸上，用手拉时，面团具有一定的伸展性，但还是容易断裂。

④ 第四阶段，面团扩展完成阶段。这时面团的弹性得到了充分扩张，整个面团挺立而柔软，表面光滑细腻，整洁而没有粗糙感。用手拉时具有良好的伸展性及弹性。

（2）手动和面

如果没有搅拌机，就需要直接用手揉面，最后也要达到面团扩展完成阶段。

首先，把干性材料和湿性材料混合在一起。

接下来，放到揉面台上，进行初步的揉和。让面团基本成型、软硬统一，然后进入主要揉面过程。

主要揉面可以根据面团质地的不同，分为两种方法。

a.软面。质地较软的面团的揉和。一般是松质或者软质面包面团的揉和。

 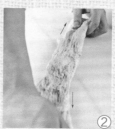 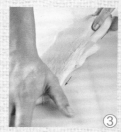 

① 双手持面团。

② 一只手向上另一只手向下，揉搓面团。

③ 利用揉面台使它们互相摩擦。

④ 然后包入奶油揉匀。

⑤

一边摔打一边揉和。

⑥

把手指插到面团的底部，然后拿起面团。

⑦

将面团翻转，在揉面台上摔打面团下半部分。

⑧

拉起面团的两端，能形成薄膜即可。

b.硬面。质地较硬的面团的揉和。一般是硬皮或者脆皮面包面团的揉和。

①

双手持面团，一手向上另一手向下，用力揉搓面团。

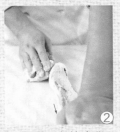
②

利用揉面台使它们互相摩擦使面团混合到硬度均匀，然后用刮板整合成团，揉和。

③

在工作台上以推压方式揉和。

④

揉和时要不断变化角度。

⑤

揉和到质地变的光滑。

⑥

可以拉出薄膜即成。

▶要点

搅拌面团时，应当何时加油？

原则上应该是"油在水后"。过早加入油脂，会在原料表面形成薄薄的一层油膜，阻隔面粉与水的结合，减缓面团水化速度，延长面团搅拌时间。因此加油应在面团吸水成团后再加入，最好是控制在面筋扩展阶段。

面团搅拌完成后，要注意下面团的温度，一般在26~28℃。

专业级测温工具

基本醒发

面团揉好后，要进行第一次醒发，即基本醒发。

在基本醒发阶段，要注意发酵的温度和湿度。一般来说，最适宜发酵的温度是在28~40℃，湿度在70%~80%。发酵时要选好发酵场所，一般选在潮湿温热的地方发酵。

可以在专用的醒发箱或者有醒发功能的烤箱里发酵。

可以把面团放在塑料袋里，再把塑料袋放入温度在30~40℃的热水中进行发酵。

可以把面团放入温暖湿润的环境中（如没有阳光直射的窗台或者浴室中）。经过一段时间后，面团会膨胀为原来体积的1.5~2倍。

可以通过手指测试，来判断面团有没有醒发好。手指插入面团后会出现右图所示三种情形。

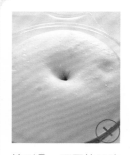

情形①，面团的凹陷还原。这种情况说明面团尚未发酵完全，需要继续发酵。

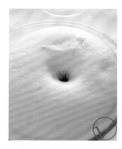

情形②，面团凹陷保持不变。这就表示面团已经发酵完全，可以进行下一步操作。

情形③，面团的凹陷萎缩，或者表面产生气泡。这说明发酵已经过度，但也无法补救，应继续进行下一步操作。

爆款饼干

　　小麦粉的原味芬芳，黄油的浓郁，可可与抹茶的香气……它们轮番环绕在鼻尖，总让人有种莫名的安全感。喜欢下厨房的人，每次烹饪，都是与食材谈了一场恋爱。很享受朋友和家人在尝到自己手艺后满足的表情，很甜蜜。

　　如同甜点本身的感觉，甜而不腻，只带来身心与味蕾的愉悦。

制作时间 30分钟　烘烤时间 13分钟

人气食单

最具人气西点

推荐指数

★ ★ ★ ★ ★

推荐理由:

老少皆宜，松脆香浓，最是体现烘焙点心的浓郁之美。

原味曲奇

原料

A：黄油 220 克，糖粉 80 克

B：鸡蛋 1 个

C：细盐 2 克，低筋面粉 275 克

工具

搅拌器、网筛、挤花袋

面团揉制

1. 先将黄油和糖粉放在容器中用电动搅拌器搅拌打发。

2. 容器中分次加入鸡蛋液后充分搅拌均匀。

3. 最后加入细盐和低筋面粉，先慢速搅拌，再快速充分搅拌均匀。

①

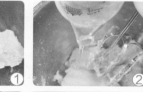
②

③

④

成型

4. 将搅拌好的蛋面糊装入挤花袋中，挤在铺有高温布的烤盘中。

烘烤

5. 将饼坯放入预热的烤箱中，上火 200 ℃、下火 160 ℃ 烤 13 分钟至表面金黄即可。

⑤

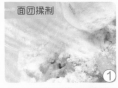

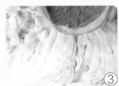

巧克力曲奇

原料

A：黄油 88 克，细盐 1 克，糖粉 32 克

B：鸡蛋 47 克

C：低筋面粉 100 克

D：可可粉 15 克

工具

搅拌器、网筛、挤花袋

面团揉制

1. 先将黄油、细盐和糖粉放在容器中搅拌打发，再分次加入鸡蛋液充分搅拌均匀。

2. 加入过筛的低筋面粉先慢速搅拌，再快速搅拌均匀。

3. 将过筛的可可粉加入容器中。

4. 再用电动搅拌器将油面糊充分搅拌均匀。

成型

5. 将搅拌好的油面糊装入挤花袋中，挤在铺有高温布的烤盘中。

烘烤

6. 将饼干生坯放入预热的烤箱中，以上火 180℃、下火 160℃约烤 13 分钟。

人气食单

最具人气西点

推荐指数

★★★★★

推荐理由：

巧克力的馥郁香浓与曲奇的轻

巧香脆完美融合，让人爱不释手。

制作时间 38 分钟　烘烤时间 13 分钟

杏仁羊角曲奇

原料

A：黄油 60 克，糖粉 30 克

B：蛋黄 10 克

C：杏仁粉 72 克，低筋面粉 68 克

D：蛋黄液适量

工具

搅拌器、网筛、刮板、刷子、电子秤

人气食单

最具人气西点

推荐指数

★ ★ ★ ★

推荐理由：

香酥诱人，可爱无比，快来做个勇敢机智又得意的"喜羊羊"吧。

制作过程

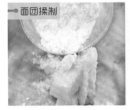

1. 先将黄油和糖粉放入容器中搅拌打发。

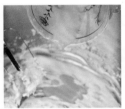

2. 容器中加入蛋黄后用电动搅拌器拌匀。

3. 将杏仁粉和低筋面粉分别过筛后加入容器中。

4. 再将油面糊混合拌匀成团，松弛 10 分钟。

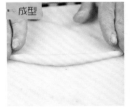

5. 将松弛好的面团分割成 15 克一个的剂子。再搓成长条形。

6. 长条两端弯曲后摆在垫高温布的烤盘中，使其呈羊角形。

7. 在饼坯的表面刷上蛋黄液。

8. 入烤箱中以上火 200℃、下火 160℃ 烤约 14 分钟至表面金黄色即可。

传统经典

葱油桃酥

推荐理由：

葱香醉人，比一般的桃酥更
受大家欢迎，老少皆宜。

人气食单

最具人气西点

推荐指数

★★★★★

制作时间
30 分钟

烘烤时间
15 分钟

原料

A：绵白糖 400 克，猪油 320 克，小苏
打 6 克，泡打粉 6 克

B：鸡蛋液 60 克

C：烤熟的低筋面粉 500 克

D：蜂蜜 45 克

E：香葱碎 20 克

工具

搅拌器、网筛、电子秤

面团揉制

1. 先将配方 A 的原料放在操作台上混合拌至
微发状态。

2. 在糖油粉中分次加入鸡蛋液混合拌匀。

3. 加入过筛的熟低筋面粉充分拌匀。

4. 在油面糊中加入蜂蜜和香葱碎充分拌匀，
再松弛 10 分钟左右。

成型

5. 将松弛的面团搓成细长条后分割成 50 克
一个的剂子。

6. 再将切好的剂子分别搓圆。

烘烤

7. 将做好的饼坯均匀地摆入烤盘，并在中间
用手指压一下。

8. 将饼坯放入预热好的烤箱中，以上火
170℃、下火 150℃烤约 15 分钟至表面金
黄色即可。

老婆饼

水皮原料 油酥原料

糖 62 克，低筋面粉 200 克，白油 62 克，
水 56 克

白油 90 克，低筋面粉 180 克

馅料 装饰材料

玉米糖浆 240 克，细砂糖 220 克，液态酥油 50 克，
白芝麻 120 克，三洋糕粉 200 克，椰丝 130 克

蛋黄适量

推荐理由：

层层叠叠、薄如绵纸的油酥
皮包裹甜蜜，食之温润甘甜。

工具

搅拌器、网筛、电子秤、擀面杖、刷子、小叉子

制作时间 55 分钟　烘烤时间 18 分钟

制 作 过 程

面团揉制

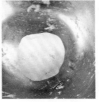

成型

1. 将水皮中的所有原料放入容器中。

2. 搅拌至光滑有筋度，松弛 10 分钟备用。

3. 将油酥部分的所有原料搅拌均匀。

4. 使油酥面团软硬度和水皮一致。

5. 将松弛好的水皮分割成 30 克一个的剂子。

6. 油酥分割成 20 克一个的剂子。

7. 制好的馅料分割成 50 克一个的剂子。

8. 将水皮剂子捏扁，包入油酥剂子。

9. 擀开，以两折三层的方式折叠三次。

10. 每次擀 5~10 分钟。

装饰

烘烤

11. 擀好的面皮包入分割好的馅料。

12. 擀薄成 1 厘米左右的薄饼，放入烤盘。

13. 薄饼的表面刷上蛋黄液。

14. 用小叉子在饼面插些许小孔用于排气。

15. 入烤箱以上火 180℃、下火 160℃烤约 18 分钟即可。

馅料的制作

1. 将馅料原料中的细砂糖、白芝麻、椰丝在容器中搅拌均匀，随后加入三洋糕粉和液态酥油拌匀。

2. 容器中再加入玉米糖浆充分拌匀成粉团即可。

①

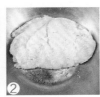
②

苏打饼干

原料

酵母 5 克，温水 150 克，低筋面粉 300 克，盐 1 克，小苏打 1 克，黄油 60 克

装饰材料

水适量，盐适量

 制作时间 40 分钟
 烘烤时间 7 分钟

人气食单
最具人气西点
推荐指数
★ ★ ★ ★ ★

推荐理由：

口感脆硬、清淡、不油腻，饼干里的健康之星。

制作过程

1. 先将酵母与温水一起搅拌至酵母溶解。

2. 再将盐、低筋面粉和小苏打一起加入，充分搅拌均匀。

3. 然后加入黄油，搅拌成光滑的面团。

4. 用塑料纸包好面团，常温下松弛 1 小时，松弛完成后将其擀开至 1.5 毫米厚。

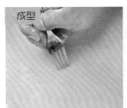

5. 用叉子在面皮表面打上小孔。

6. 将面皮切成长 7 厘米、宽 5 厘米的四方块，摆入烤盘内。

7. 在饼干坯表面喷上适量的水，并撒上盐，在常温下松弛 25 分钟左右。

8. 以上火 220℃、下火 200℃烘烤约 7 分钟，待表面上色后即可取出。

椒盐肉松饼

原料

A：黄油 100 克，糖粉 67 克，细盐 2 克

B：鸡蛋液 33 克

C：咖喱粉 6 克，鲜葱碎 8 克，椒盐粉 4 克

D：低筋面粉 160 克，泡打粉 1.3 克

E：肉松 30 克

F：蛋黄液适量

装饰材料

黑芝麻、白芝麻各适量

工具

搅拌器、网筛、电子秤、刷子

推荐理由：

中西合璧的小点。像极留洋的黑发黑眼睛美妇，总是透着些许东方神韵。

 制作时间 35 分钟

 烘烤时间 15 分钟

①

②

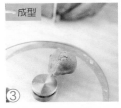
③

④

⑤

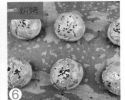
⑥

面团揉制

1. 原料 A 放在容器中搅拌打发。

2. 再分次加入鸡蛋液混合拌匀。将原料 C 也加入容器中混合拌匀。

成型

3. 将原料 D 过筛后和肉松一起加入油粉糊中混合拌匀成团。再将面团分割成 20 克一个的剂子。

4. 剂子搓圆，摆烤盘中稍微压扁。在饼坯的表面均匀刷蛋黄液。

装饰

5. 在饼的表面撒芝麻后入烤箱。

烘烤

6. 以上火 180℃、下火 150℃烤约 15 分钟至表面金黄色即可。

推荐理由：

你是我的蝴蝶，让我时刻思念。一杯清茶，一本旧书，总有些时光任流转。

制作时间
50 分钟

烘烤时间
25 分钟

蝴蝶酥

面团原料 内部包油

低筋面粉 240 克 ，黄油 27 克，绵白糖
10 克，水 135 克

黄油 200 克

装饰材料

砂糖适量

① ② ③ ④ ⑤ ⑥ ⑦ ⑧

准备

制作前，将 200 克黄油称好，整成四
方形后放入冰箱冷藏至软硬适中，备用。

面团揉制

1. 先将过筛低筋面粉、27 克黄油和水一起搅
   拌成光滑的面团。

2. 面团松弛 30 分钟后，将其擀开呈四方形，
   面积是备用的四方形黄油的两倍，用面皮
   将备用的四方黄油包起来。

3. 然后均匀地擀开使其呈方形。

4. 以折叠 3 层的方式连续叠 2 次，再以折叠
   4 层的方式折叠 2 次。

5. 将面坯用塑料纸包起，放入冰箱冷藏松弛
   2 小时。

6. 取出后，将面皮擀开为 4 毫米厚的长方形，
   并在表面撒上白砂糖。

7. 将上下两边向中间对折，再将其擀平。

8. 再撒上一次砂糖，再次将两边的面皮向中间
   对折成长条状。

成型

9. 将面团条切成 1 厘米厚的生坯，折成蝴蝶
   状，摆入烤盘内。

烘烤

10. 以上火 170℃、下火 160℃烘烤大约 25
    分钟即可。

⑨

⑩

干果诱惑饼

开心果酥饼

制作时间 35 分钟　　烘烤时间 18 分钟

人气食单
最具人气西点
推荐指数
★★★★★

推荐理由：

贪恋满口香，任掉一地渣的欢乐时刻。开心果换成杏仁、腰果、花生均可。

原料

黄油 75 克，绵白糖 50 克，鸡蛋 20 克，低筋面粉 135 克，泡打粉 1 克，开心果仁 70 克

制作过程

1. 先将开心果用擀面棍压碎，备用。
2. 将黄油、绵白糖搅拌至呈膨松状。
3. 再分次加入鸡蛋，搅拌均匀。
4. 接着将低筋面粉、泡打粉过筛后，和开心果碎一起加入其中，拌成面团状。
5. 面团稍松弛，先将其搓成圆柱体再整成长方体，放入冰箱内冷冻 20 分钟。
6. 待面团软硬适中后取出，切成大约 8 毫米厚的块。
7. 将饼坯摆入烤盘内，以上下火 170℃/170℃烘烤大约 18 分钟即可。

脆皮花生酥

原料

花生碎 380 克，蛋白 140 克，绵糖 180 克

准备

制作前，将花生碎烤熟备用。

制作过程

1. 将蛋白与绵糖放入锅内，边煮边搅拌至糖化开。
2. 再加入花生碎，煮至快沸腾时离火。
3. 用汤匙舀起花生糊放在烤盘内，用匙背稍微将其摊平。
4. 以上下火 170℃/160℃烘烤大约 20 分钟即可。

人气食单

最具人气西点

推荐指数

★ ★ ★ ★

推荐理由：

制作简单，香脆可口，风味别具一格。对高油高糖说再见。

制作时间 40 分钟　　烘烤时间 20 分钟

杏仁黑糖饼干

推荐理由：

黑糖的特别香气，加上燕麦
的粗粗口感，健身运动后补充能
量又不怕胖的首选。

人气食单

最具人气西点

推荐指数

★ ★ ★ ★

原料

A：黄油 62.5 克，红糖 25 克

B：鸡蛋液 31 克

C：即食燕麦片 25 克

D：小苏打粉 1 克

E：低筋面粉 80 克

装饰材料

杏仁片适量

工具

搅拌器、网筛、刮板、电子秤

制作时间 40 分钟　烘烤时间 20 分钟

面团揉制

1. 将原料 A 混合，打发至呈现出绒毛状。

2. 分数次加入鸡蛋液并拌匀。

3. 加入即食燕麦片拌匀。

4. 加入小苏打粉充分拌匀。

5. 将低筋面粉过筛后放操作台上，加拌好的面糊。

6. 以压拌折叠的方式拌匀成面团。

7. 再将面团常温松弛 10 分钟。

成型

8. 将面团分割成 20 克一个的剂子，然后搓圆。

装饰

9. 在圆球的表面刷上蛋液。

10. 再将圆球均匀地蘸上杏仁片，排入烤盘。

11. 用手掌将饼坯压成约 1 厘米厚的圆片。

烘烤

12. 入烤箱以上火 180℃、下火 160℃烤约 20 分钟即可。

芝麻酥片

人气食单
最具人气西点
推荐指数
★ ★ ★ ★

制作时间 40 分钟　**烘烤时间** 12 分钟

推荐理由：

蛋香酥脆，口感极好，茶余饭后非常不错的零食选择。

原料

A：细糖 60 克，黄油 45 克

B：蛋白液 25 克

C：高筋面粉 60 克，牛奶 20 克

D：黑芝麻适量

工具

搅拌器、网筛、挤花袋

制作过程

1. 先将原料 A 放在容器中用电动搅拌器打至微发。
2. 再分次加入蛋白液充分搅拌均匀。
3. 在蛋油糊中加入过筛的高筋面粉和牛奶。
4. 再将容器中的油面糊充分地搅拌均匀。
5. 将油面糊装入挤花袋中，挤在垫有高温布的烤盘中，使其呈扁圆球状。
6. 在饼坯的中间撒一点黑芝麻。

7. 入预热的烤箱中以上火 180℃、下火 160℃烘烤，烤至颜色为中间白，周边金黄色即可。

原料

蛋白 35 克，绵糖 15 克，杏仁粉 30 克，
核桃 35 克，糖粉 15 克，杏仁粒 35 克

制作过程

1. 将杏仁粒和核桃以上下火 180℃/170℃烘
   烤 6 分钟左右，冷却后将其切碎，备用。
2. 将蛋白、绵糖一起搅拌至中性发泡。
3. 再将糖粉、杏仁粉过筛后一起加入其中，
   搅拌均匀。
4. 接着加入坚果，搅拌均匀，使其呈面糊状。
5. 将面糊用汤匙挖在烤盘内，并在表面均匀
   撒上糖粉。
6. 以上下火 170℃/150℃烘烤大约 30 分钟
   即可。

坚果蛋白饼

人气食单
最具人气西点

推荐指数
★★★★★

推荐理由：

完全低热量，无油配方，淡
淡的坚果香，美颜必吃，找不到
拒绝的理由。

制作时间 38 分钟

烘烤时间 30 分钟

肉桂核桃卷

原料

低筋面粉 200 克，盐 1 克，糖粉 25 克，水 50 克，黄油 100 克，蛋黄 15 克

装饰材料

绵白糖 40 克，肉桂粉 10 克，葡萄干 70 克，核桃碎 30 克

人气食单
最具人气西点
推荐指数
★ ★ ★ ★

 制作时间 40 分钟
 烘烤时间 28 分钟

推荐理由：

源自北欧，携手"葡""桃"，浓郁滋味，深陷其中。

制作过程

1. 先将低筋面粉和糖粉过筛后，和盐一起加入容器，搅拌均匀。

2. 再将蛋黄和水加入其中，拌匀。

3. 接着将黄油加入其中，拌匀成面团状。

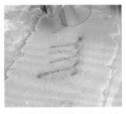

4. 将面团松弛 15 分钟左右，擀开至 5 毫米厚，将肉桂粉和绵白糖撒在上面。

5. 将事先浸泡好的葡萄干和烘烤熟的核桃碎撒在表面。

6. 将面皮卷起来，放入冰箱内冷藏 1 小时左右。

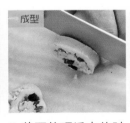

7. 待面软硬适中的时候取出，切成 1 厘米的圆片。

8. 摆入烤盘，放入烤箱，以上下火 170℃ /160℃烘烤大约 28 分钟即可。

海苔苏打饼干

人气食单
最具人气西点

推荐指数
★ ★ ★ ★ ★

推荐理由：

咸甜适口，百吃不厌，电脑族、

熬夜族、看球赛者必备的好伴侣。

制作时间 25 分钟　烘烤时间 15 分钟

原料

酵母 1 克，小苏打 1 克，低筋面粉 120 克，
全麦粉 55 克，盐 1.5 克，绵白糖 10 克，
黄油 25 克，水 85 克，海苔粉 12 克

制作过程

1. 将低筋面粉和小苏打过筛后与酵母、全麦
   粉搅匀，再加入盐和绵白糖，搅拌均匀。
2. 接着加入黄油、海苔粉和水，一起拌成面团，
   并将面团用塑料纸包起来松弛 1.5 小时。
3. 待面团膨胀后，将其擀开至 1 毫米厚。
4. 在擀开的面皮表面用叉子打上小孔。
5. 将面皮切成长 5 厘米、宽 3 厘米的四方块。
6. 将饼干坯放入烤盘，常温松弛 20 分钟左右。
7. 将烤箱以上下火 200℃ /170℃ 烘烤 15 分
   钟左右即可。

原料

全麦粉 100 克，糖粉 40 克，酥油 50 克，葡萄干 30 克，金橘饼 30 克，橘皮丁 20 克，鸡蛋 20 克，白芝麻 20 克

制作过程

1. 先将金橘饼切成碎块，备用。
2. 将全麦粉和糖粉过筛后放入容器，搅拌均匀。
3. 然后加入酥油，搅拌均匀。
4. 再将葡萄干、金橘饼、橘皮丁加入其中，拌匀。
5. 接着加入鸡蛋搅拌均匀，使其呈面团状。
6. 将面团放入铺有垫纸的烤盘内擀平，在表面均匀地撒上白芝麻。
7. 以上下火 180℃/170℃烘烤大约 25 分钟。
8. 出炉冷却后，将其切成宽 4 厘米、长 6 厘米的方块即可。

全麦干果方饼

人气食单
最具人气西点
推荐指数
★★★★

推荐理由：

口感略粗而香，每一口都给你惊喜。

制作时间 40 分钟　烘烤时间 25 分钟

棒棒甜点变得越来越流行了。其实这种甜点在聚会中一直都很常见，例如焦糖水果棒。现在的甜点界，包括饼干、蛋糕、巧克力，甚至是派和迷你蛋糕，都出现了这个趋势，就是这些东西都可以往棒棒上加。我猜想棒棒甜点的制胜点可能在于其具有特别的童趣。

推荐理由：

　　轻巧香脆，指间穿梭，静坐窗前，感受浓浓田园香。

香葱脆棒

原料

香葱碎25克，水40克，绵糖25克，盐2.5克，白胡椒粉1克，黄油28克，烘烤的芝麻25克，低筋面粉140克，泡打粉1克

制作时间 25分钟

烘烤时间 13分钟

人气食单
最具人气西点
推荐指数
★★★★

制作过程

1. 先将水和香葱碎一起放入容器中，拌匀。

2. 用粉碎机将香葱粉碎。

3. 加入黄油、芝麻和绵糖，搅拌均匀。

4. 再加入盐、白胡椒粉，拌匀。

5. 将低筋面粉和泡打粉过筛后加入其中，拌成面团的形状。

6. 面团松弛10分钟后，擀开成约6毫米厚、22厘米宽的面皮。

7. 用刀均匀地将面皮切开，约为24条。

8. 用手将面皮条搓圆，粗细要一致。

9. 摆入烤盘内，并去除两边多余的部分，使其长短一致。

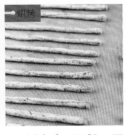

10. 以上火190℃、下火160℃烘烤13分钟左右即可。

推荐理由:

女生，每月总有几天不是很
舒服，生理期的绝好零食，要照
顾好自己噢！

胡萝卜燕麦脆饼

原料

胡萝卜65克，红糖40克，盐2克，燕麦片60克，低筋面粉150克，泡打粉1克，黄油60克

制作时间
25分钟

烘烤时间
10分钟

制作过程

1. 将胡萝卜洗净，切条，用粉碎机打碎。

2. 再加入红糖和盐，搅拌均匀。

3. 接着加入燕麦片，稍微搅拌几下，让燕麦片吸足水分。

4. 然后加入黄油，搅拌均匀。

5. 最后将低筋面粉和泡打粉过筛后加入其中，拌成面团状。

6. 面团稍作松弛后，用面棍将其擀开。

7. 用圆形压模将其压出。

8. 在饼干坯表面用牙签均匀地打上小孔。

9. 上下火180℃/150℃烘烤10分钟即可。

制作要点

1. 搅拌红糖和胡萝卜的时候，必须将红糖搅拌至完全化开。

2. 加入低筋面粉以后，搅拌的时间不可太长。

3. 擀压面团的时候，手的用力要均匀，擀压厚薄要一致。

推荐理由：

　　补肾强筋，强身养颜，甘甜
芳香，带着宫廷风款款驾到。

栗子夹心酥饼

制作时间 55 分钟　烘烤时间 20 分钟

原料

A：绵白糖 145 克，黄油 160 克，细盐 1.5 克
B：全蛋 50 克，蛋黄 2 个
C：泡打粉 3 克，杏仁粉 20 克，椰蓉 25 克
D：低筋面粉 300 克
E：栗子馅料 200 克，葡萄干 50 克

装饰材料

蛋黄 15 克，牛奶 5 克，杏仁碎适量

工具

搅拌器、网筛、擀面杖、刷子、刀

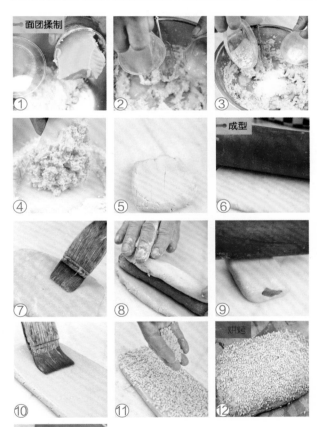

面团揉制

① ② ③ ④ ⑤ ⑥ 成型 ⑦ ⑧ ⑨ ⑩ ⑪ ⑫ 烘烤 ⑬

13. 最后将饼干切
成 5 厘米的长
条形即可。

制作过程

1. 先将绵白糖、黄油和细盐放在容器中搅拌至微发。
2. 容器中加入全蛋和蛋黄搅拌均匀。
3. 加入过筛的泡打粉、杏仁粉与椰蓉充分搅拌均匀。
4. 再将低筋面粉过筛后放在操作台上，加入蛋油糊以压拌折叠式拌成面团。
5. 在面团中加入栗子馅料和葡萄干充分拌匀，常温松弛 10 分钟。
6. 将松弛好的面团擀成约 1.5 厘米厚的面片。
7. 将装饰蛋黄和牛奶混合拌匀后刷在面片的表面。
8. 再在面片的上面放上事先混合的馅料，然后卷起来。
9. 将面饼擀成约 1.5 厘米厚的片。
10. 在面饼表面刷上混合拌匀的蛋黄、牛奶液。
11. 再在表面撒上杏仁碎。
12. 入烤箱以上火 190 ℃、下火 160℃烤约 20 分钟至表面金黄色，取出冷却，切长条。

圣诞饼干

制作时间
45 分钟

烘烤时间
18 分钟

原料

低筋面粉 135 克，泡打粉 1 克，绵白糖 37 克，盐 0.3 克，鸡蛋 25 克，黄油 63 克

装饰材料

太古糖粉 100 克，柠檬汁 25 克，食用色素适量，银珠糖少许（撒在饼干表面）

糖霜的制作

①

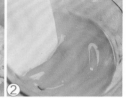
②

1. 将太古糖粉和柠檬汁一起搅拌均匀。

2. 加入食用色素，再次搅拌均匀即可。

制作过程

面团揉制

1. 将黄油、绵白糖和盐放入容器，搅拌均匀。

2. 将鸡蛋打散放入，搅拌均匀。

3. 将低筋面粉和泡打粉过筛后加入，拌成面团的形状。

4. 面团稍作松弛后，将其擀开成约 5 毫米厚的面片。

成型

烘烤

5. 用压模压出形状，摆入烤盘。

6. 以上火 170℃、下火 150℃烘烤 18 分钟左右。

7. 出炉冷却后，在饼干的表面蘸上调好的糖霜。

8. 最后放上银珠糖做装饰即可。

人气食单
最具人气西点
推荐指数
★ ★ ★ ★

推荐理由：

　　相当应景的圣诞小物，增添
一份浓浓节日气氛。

月亮饼干

原料

牛油 110 克，糖粉 55 克，白色、红色、黄色、黑色蛋白膏各适量，鸡蛋半个，低筋面粉 150 克，奶粉 10 克，蓝莓果酱 10 克

制作时间 60 分钟　　烘烤时间 8 分钟

推荐理由：

如果想送一份有爱又有趣的伴手礼，童心未泯的月亮造型饼干最是讨喜。

制作过程

1. 将牛油放室温下软化，加入糖粉，用打蛋器打至松软变白，然后加入蛋液拌匀。

2. 将低筋面粉、奶粉过筛后加入油蛋液中，拌成面团。

3. 把面团放在不粘布上拌匀，用擀面杖擀至 0.3 厘米厚，放入冰箱冷冻 15 分钟。

4. 将面皮取出，用模具压出月亮形状。

5. 饼坯入烤盘，进行烘烤，以上下火150℃/150℃烤约8分钟，烤熟后取出放凉即可。

6. 将所需要的白色、黄色、红色、黑色蛋白膏分别调好备用。

7. 用白色蛋白膏勾出月亮的轮廓线，线条要流畅。

8. 用黄色蛋白膏涂上月亮的颜色，

9. 等月亮部分晾干后继续装饰，用红色蛋白膏做出帽子，用黑色蛋白膏细裱出月亮的表情。

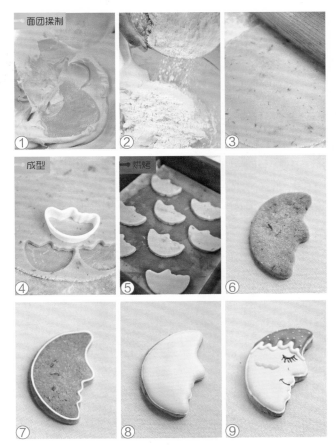

面团揉制
① ② ③
成型　烘烤
④ ⑤ ⑥
⑦ ⑧ ⑨

蜡烛饼干

推荐理由：

    不管是生日、情人节，还是圣诞，送闺密、客户、朋友、同事，这款别致又大方的造型饼干都拿得出手。

制作时间
50 分钟

烘烤时间
15 分钟

奶油糊材料 香芋面团材料

酥油105克，绵白糖85克，鸡蛋20克，香粉2克，盐1克

基本奶油40克，香芋色香油适量，低筋面粉30克，杏仁粉10克

蓝色面团材料 巧克力面团材料

基本奶油糊25克，低筋面粉20克，杏仁粉10克，蓝色着色剂适量

基本奶油糊70克，低筋面粉55克，杏仁粉15克，可可粉10克

红色面团材料 原色面团材料

基本奶油糊20克，草莓色香油适量，低筋面粉15克，杏仁粉5克

基本面糊40克，低筋面粉35克，杏仁粉6克

奶油糊制作过程

1. 将酥油和绵白糖搅拌均匀。
2. 再分次加入鸡蛋，拌匀。
3. 将盐和过筛香粉加入其中，搅拌均匀，成为基本的奶油糊。

面团揉制

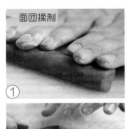

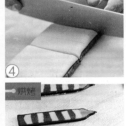

成型

烘烤

制作过程

1. 将原色面团和香芋面团分别搓成圆柱体。
2. 将香芋面团擀成0.5厘米厚的薄片，备用。
3. 将原色面团擀成0.5厘米厚的薄片，然后放在香芋面皮上面。
4. 用小刀将其切成三等份，叠在一起。
5. 取一块红色小面团压成薄片，将蓝色面团搓成圆柱体，放在上面，卷起来，做成火焰的形状，并且摆放在三叠块的一端。将巧克力面团擀成1毫米厚的薄片，稍微刷上蛋液。将其放在表面，并且卷起来。
6. 进入冰箱内冷冻1小时，用刀切成大约7毫米厚的面块，呈蜡烛状，摆入烤盘内。
7. 制作其他颜色时，制作方法同步骤5。
8. 入炉烘烤，以上下火150℃/170℃烘烤大约15分钟即可。

推荐理由：

　　法式夹心小圆饼，清新不甜

腻，贵妇级甜品噢！

柠檬马卡龙

 制作时间 50 分钟   烘烤时间 15 分钟

原料

杏仁粉 40 克，糖粉、砂糖各 50 克，柠檬皮末 10 克，蛋白 1 个

馅料

柠檬汁 15 克，黄油 80 克，糖粉 40 克，柠檬皮末适量

制作要点

1. 搅拌蛋白时搅拌桶内不可有油脂存在。
2. 加入粉类材料后搅拌时间不要太久，以免蛋白消泡。
3. 烘烤时，后期的炉温上火不要太高，以免表面上色太深。

制作过程

→面团揉制

1. 将蛋白、砂糖搅拌至中性发泡，加入柠檬皮末搅拌均匀。

2. 将杏仁粉和糖粉过筛后依次加入，并搅拌均匀成面糊。

成型

3. 将面糊装入裱花袋内，用动物裱花嘴在铺有高温布的烤盘内挤出圆形饼坯。

→烘烤

4. 以上下火170℃ /0℃烘烤大约 5 分钟，待表面凝固后再以上下火 0℃ /150℃烘烤10分钟左右。

5. 出炉冷却后，在饼干底部挤上馅料，使 2 个粘起来即可。

馅料制作过程

1. 将糖粉过筛。
2. 加入黄油，充分搅拌至呈膨松状。
3. 加入柠檬汁、柠檬皮末，充分搅拌均匀即可。

①

②

③

抹茶粉颜色鲜绿，看起来极像绘画用的颜料。当然，它并不是用来作画的，它的真正的价值体现在庄严神圣的日本茶道文化当中。百年以来，茶道一直是日本佛教禅学中必不可少的仪式之一，而现如今，抹茶已变为一种风靡全球的流行饮品，应用于烘焙后做出的甜点颜色不再那么艳丽，变得更为雅致，并且散发出茶的清香。

抹茶其实就是研磨成极细粉末的绿茶。为了制作抹茶，人们需要为茶树提供天然的树荫遮蔽，采摘好的茶叶在研磨之前需要去除茎脉，研磨的程度则有严格的等级划分：茶道等级的抹茶粉研磨的最为精细，烹饪等级的抹茶粉则较为粗糙。

抹茶饼干

制作时间 40 分钟　烘烤时间 20 分钟

原料

黄油 130 克，糖粉 75 克，低筋面粉 185 克，抹茶粉 12 克

推荐理由：

最爱你那清新一抹绿。一丝丝的苦味，刚好中和了点心的甜腻。

制作过程

面团揉制

1. 先将黄油搅拌至柔软。

2. 再加入过筛的糖粉，搅拌均匀。

3. 接着将低筋面粉和抹茶粉过筛后依次加入其中，拌成面团状。

4. 待面团稍作松弛后，将其搓成圆柱体，放入冰箱内冷藏 1 小时。

成型

5. 待圆柱体面团软硬适中的时候取出，切成 40 片薄片。

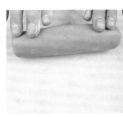

6. 将薄片均匀地摆入烤盘内。

烘烤

7. 以上火 170℃、下火 160℃烘烤 20 分钟左右即可。

茶饼

制作时间 60分钟
烘烤时间 30分钟

推荐理由：

至简乃致远，欲为大于简易处入手。

原料 装饰材料

A：砂糖 100 克，黄油 70 克

B：鸡蛋 3 个

C：细盐 1 克

D：低筋面粉 200 克

蛋黄液适量

工具

搅拌器、网筛、挤花袋

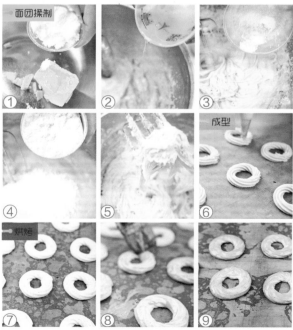

面团揉制 ① ② ③ ④ ⑤ ⑥成型 ⑦烘烤 ⑧ ⑨

制作过程

1. 先将砂糖和黄油放入容器中打发。

2. 分次加入鸡蛋液搅拌均匀。

3. 再加入细盐混合拌匀。

4. 在容器中加入过筛的低筋面粉。

5. 再将糖油糊充分混合搅拌均匀。

6. 糖油糊装挤花袋中，挤在铺有高温布的烤盘中。

7. 入预热的烤箱中以上火200℃、下火180℃，烤至表面定型。

8. 待烤定型后取出饼坯刷上蛋黄液。

9. 再入烤箱以上火200℃、下火150℃烤至表面金黄色即可。

原料

黄油 70 克，绵白糖 55 克，鸡蛋 60 克，蜂蜜 15 克，椰蓉 130 克，蛋黄 16 克

制作过程

1. 先将 60 克的黄油和绵白糖一起搅拌均匀后打发。
2. 再分 3 次加入鸡蛋，搅拌均匀。
3. 接着加入蜂蜜与蛋黄，充分拌匀。
4. 然后将椰蓉和 10 克黄油加入其中，搅拌均匀成面团。
5. 将面团擀成长条，分割成 16 个剂子。
6. 将分割好的剂子用手搓圆，摆入烤盘，以上下火 210℃ /140℃烘烤约 15 分钟即可。

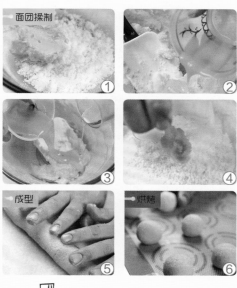

面团揉制 ① ② ③ ④
成型 ⑤ 烘烤 ⑥

制作要点

1. 加入鸡蛋时要注意分次加入，每次都要搅匀。
2. 选用含油脂多的椰蓉，口感会好一些。

椰蓉球

人气食单
最具人气西点
推荐指数
★ ★ ★ ★

推荐理由：

口味惹人，简单讨喜，淡淡的椰香味让你欲罢不能。

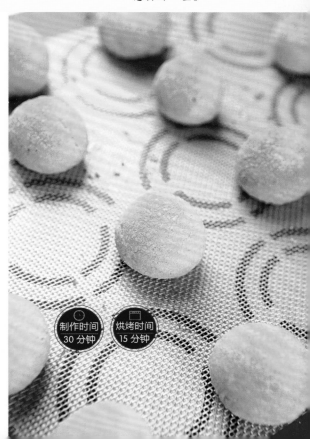

制作时间 30 分钟　烘烤时间 15 分钟

　　"手指"食物因其便于食用而生，目前来看，这类食物很时髦。它有两个明显的特征，即"非正式"和"人性化"。吃这些食物时，不用因担心餐桌礼仪而死命抵挡美味的诱惑，大可放心去吃。同时，这又是一场色彩斑斓的视觉盛宴。比如手指饼，比如马卡龙，简单漂亮、小巧便携、口味多样、保质期也很长，集所有优势在一身了！

推荐理由：

　　入门级百搭小饼干，既有独立性又能做慕斯蛋糕的围边，还可以用来做著名的提拉米苏。

人气食单
最具人气西点
推荐指数
★★★★★

手指蛋白饼干

原料

低筋面粉 65 克，蛋白 80 克，绵白糖 40 克，砂糖 60 克，蛋黄 2 个，糖粉适量

 制作时间 40 分钟

 烘烤时间 12 分钟

制作过程

1. 先将蛋黄与绵白糖搅拌至绵白糖化开。

2. 将低筋面粉过筛后加入一半的量，搅拌均匀，备用。

3. 将蛋白与砂糖搅拌至中性发泡。

4. 先取 1/3 的蛋白糊与蛋黄糊搅拌均匀。

5. 再倒回剩余的蛋白糊内，搅拌均匀。

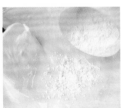

6. 最后将剩余的一半过筛的低筋面粉加入，拌匀成面糊。

7. 将面糊装入裱花袋内，在铺有垫子的烤盘内挤一字形。

8. 在饼干坯表面筛上适量糖粉，连同烤盘一起放入烤箱。

9. 以上火 200℃、下火 170℃烤 12 分钟即可。

制作要点

1. 在搅拌蛋黄与绵白糖的时候，要注意绵白糖不要和蛋黄凝结在一起。

2. 搅拌蛋白的时候，要注意蛋白内不可有蛋黄存在，搅拌桶内也不可有油脂存在，以免搅拌不发。

3. 混合搅拌的时候，搅拌时间不要太久，以免打发的蛋白消泡。

硬脆巧克力棒

制作时间 40分钟　烘烤时间 15分钟

推荐理由：

牵动心怀的巧克力味，口感极佳，吃法多样。

原料

水 40 克，绵白糖 22 克，盐 0.5 克，低筋面粉 115 克，小苏打 0.5 克，色拉油 15 克，巧克力适量

制作过程

1. 先将水、绵白糖和盐加入容器，搅拌至糖、盐完全化开。

2. 再将色拉油慢慢加入，并搅拌均匀。

3. 加入过筛的低筋面粉和小苏打，拌成面团。

4. 将面团松弛约 20 分钟，擀成 3 毫米厚的四方形面皮。

5. 用滚轮刀切成宽 4 毫米的长条。

6. 将面条扭几下，摆入烤盘内，并截成长 13 厘米的长条，再以上下火 170℃/150℃烘烤大约 15 分钟，出炉冷却。

7. 将巧克力化开后，把长条棒的一端蘸上巧克力，摆放在塑料纸上待其完全凝固即可。

原料

A：鸡蛋 60 克，红糖 65 克，盐 1 克

B：中筋面粉 115 克，泡打粉 2 克，小苏
　　打 1 克，肉桂粉 1 克，豆蔻粉 1 克

C：杏仁片 50 克

工具

搅拌器、网筛、刀

制作过程

1. 将鸡蛋、红糖和盐搅匀，再搅拌至稍微发泡。

2. 将中筋面粉、泡打粉、小苏打、肉桂粉和
　 豆蔻粉过筛后加入搅拌好的糊中拌匀。

3. 将杏仁片加入容器中，拌匀成面团状。

4. 面团松弛 10 分钟，将其整形为宽 5 厘米、
　 高 2.5 厘米的长方体。

5. 将面团生坯以上火 160℃、下火 150℃烘
　 烤约 40 分钟，取出。

6. 切成 1 厘米厚的片，摆入烤盘内，以上火
　 130℃、下火 120℃再烘烤约 30 分钟即可。

肉桂意大利脆饼

推荐理由：

星巴克最好的咖啡饮品配餐，

浓浓意式风味。

制作时间
120 分钟

烘烤时间
70 分钟

德式姜饼

制作时间
40 分钟

烘烤时间
15 分钟

原料

鸡蛋 1 个，红糖 60 克，盐 0.4 克，橙皮丁 35 克，低筋面粉 80 克，泡打粉 0.5 克，肉桂粉 1 克，杏仁粉 45 克

装饰材料

苦甜巧克力 100 克，太古糖粉 100 克，柠檬汁 20 克，核桃碎、开心果碎各适量

糖霜的制作

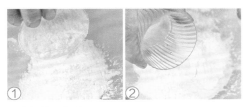

①　②

制作过程

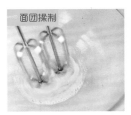

面团揉制

1. 先将鸡蛋打散至稍有泡沫状。

2. 加入红糖，搅拌至糖化，并有泡沫状。

3. 依次加入盐、橙皮丁，搅拌均匀。

4. 加入杏仁粉，筛入低筋面粉、肉桂粉和泡打粉，拌匀。

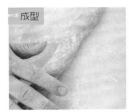

成型

5. 将面团搓成长条状，并分割成 14 个小剂子。

烘烤

6. 将面剂搓圆，摆入烤盘中，以上下火 180℃/170℃烘烤 15 分钟，出炉冷却。

7. 在表面蘸上事先备用的糖霜，并撒上开心果碎。

8. 也可以将苦甜巧克力化开后，涂在表面，再用核桃碎装饰即可。

推荐理由：

德国传统圣诞节糕饼，介乎于蛋糕与饼干之间的小点。

1. 将太古糖粉过筛后，倒入碗中。
2. 加入柠檬汁，搅拌均匀至浓稠适中即为糖霜，备用即可。

比斯考提

推荐理由：

古罗马时代流传至今，经过二次烘培，特别适合长途旅行携带。

制作时间 70分钟　　烘烤时间 56分钟

原料

鸡蛋1个，绵糖70克，橄榄油40克，花生粒40克，低筋面粉165克，泡打粉2克，杏仁粉30克，核桃仁60克

制作过程

1. 先将鸡蛋、绵糖一起搅拌至糖化开。
2. 再加入核桃仁、花生粒，搅拌均匀。
3. 接着加入橄榄油搅拌均匀。
4. 然后将杏仁粉、低筋面粉、泡打粉过筛后加入其中，搅拌均匀成面团。
5. 面团稍作松弛后，搓成长条，摆入烤盘内。
6. 以上下火170℃/150℃烘烤大约40分钟，取出后切成1.5毫米的厚片。
7. 再摆入烤盘内，以上下火160℃/140℃烘烤大约16分钟即可。

面团揉制 ①　②

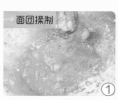
③
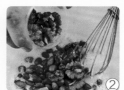
④

成型 ⑤

烘烤 ⑥

⑦

爆款蛋糕

漂浮的云朵，像棉花糖学会了起飞。
你站在田野，笑容清浅，只顾收集新鲜。
而后打开厨门，关掉太过热烈的世界。
打散的蛋液，缓缓融入小麦磨成的面。
你压低脊椎，全神贯注开始细心烘焙。
我在摇椅上耐心等待，搅拌咖啡。
喝完再续一杯。
烤炉欢呼雀跃，满溢的香气包围 可口集结。
突然发觉此刻的向往，是尝尝你手艺的滋味。
呼吸里的感觉，像蛋糕上的奶油，完美搭配。
咀嚼情节。
我将你，偷偷藏进了，诗的最后一页。

玛芬蛋糕（杯子蛋糕）

原料

黄油（A）40克，黄油（B）60克，绵白糖（A）33克，绵白糖（B）25克，红糖60克，鸡蛋60克，低筋面粉（A）46克，低筋面粉（B）160克，泡打粉3克，牛奶60克，乌梅100克，杏仁粉45克，细盐1克

制作过程

1. 将杏仁粉、绵白糖（A）、低筋面粉(A)、黄油（A）和细盐放在一起混合拌匀，搓成松散状，即为奶酥。

2. 将黄油（B）、绵白糖（B）、红糖放在一起，混合打发好。

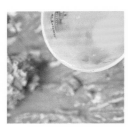
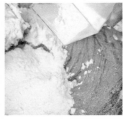
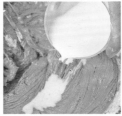

3. 分次加入鸡蛋液，混合拌匀。

4. 放入过筛的低筋面粉（B）、泡打粉，拌匀。

5. 倒入牛奶，搅拌均匀。

6. 再放入一半乌梅，充分搅拌均匀。

7. 将蛋糕糊装入裱花袋，挤在直径7厘米、高5.5厘米的纸杯中，约八分满。

8. 在蛋糕坯表面撒上另一半的乌梅进行装饰。

9. 再撒上提前做好的奶酥，将蛋糕坯放入烤盘。

10. 将烤盘放入烤箱中，以上下火180℃/160℃烘烤约25分钟即可。

乌梅玛芬蛋糕

人气食单
最具人气西点
推荐指数
★ ★ ★ ★ ★

 制作时间
30 分钟

 烘烤时间
25 分钟

推荐理由：

入门必学小蛋糕，具有玛芬蛋糕的湿润、厚实口感，添加的乌梅令人垂涎欲滴。

推荐理由：

　　蜂蜜、酸奶，蔓越莓、白兰地，周末给胃来一份心旌摇曳的浪漫。

蜂蜜酸奶玛芬蛋糕

原料

A. 低筋面粉 100 克，泡打粉 1.5 克

B. 黄油 50 克，绵白糖 30 克，蜂蜜 20 克，
   酸奶 60 克，鸡蛋 1 个

C. 蔓越莓干 30 克，白兰地 15 克

装饰材料

蔓越莓干适量

制作时间 45 分钟

烘烤时间 27 分钟

制作过程

1. 将蔓越莓干切成小块，放入容器中，加入白兰地浸泡 30 分钟，备用（或盖上保鲜膜用微波炉低火加热 30 秒）。

2. 黄油于室温软化后和绵白糖混合，用电动打蛋器以中速打发。

3. 分次加入鸡蛋液，每次需迅速搅打至蛋、油完全融合，方可再次加入，搅拌至呈乳白色。

4. 将蜂蜜和 1/2 过筛的粉类加入，搅拌均匀。

5. 再加入酸奶及剩下的过筛粉类，搅拌均匀成面糊。

6. 最后在面糊中加入备用的酒渍蔓越莓丁，用橡皮刮刀拌匀成蛋糕糊。

7. 将蛋糕糊装入裱花袋中，轻轻挤入模具内，约八分满。

8. 再在蛋糕糊的表面撒一些蔓越莓干装饰。

9. 入炉，以上下火 175℃烤约 27 分钟即可。

推荐理由：

美味永远不嫌多，超级多的

提子，每口都是满满的幸福。

制作时间
40 分钟

烘烤时间
25 分钟

提子玛芬蛋糕

原料

黄油 60 克，绵白糖 50 克，鸡蛋 1 个，牛奶 50 克，低筋面粉 100 克，泡打粉 5 克，葡萄干 50 克，朗姆酒 30 克

装饰材料

葡萄干适量

制作过程

1. 将葡萄干和朗姆酒混合，泡软，备用。

2. 将黄油和绵白糖放入容器，用电动打蛋器以中速打至膨发。

3. 分次少量加入蛋液，每次需迅速搅打至完全融合，搅拌好呈乳白色。

4. 接着加入 1/2 过筛的粉类，拌匀。

5. 再加入牛奶，拌匀。

6. 然后加入剩余的过筛粉类，搅拌均匀成面糊。

7. 最后将备用的酒渍葡萄干和面糊混合拌匀，成蛋糕糊。

8. 将蛋糕糊装入裱花袋中，挤入模具约八分满。

9. 最后在蛋糕糊表面撒上一些装饰葡萄干。

10. 入炉，在提前预热好的烤箱中以上下火 170℃烤约 25 分钟即成。

香橙磅蛋糕

原料

黄油 140 克，绵白糖 80 克，蛋黄 115 克，
香橙酱 20 克，橙皮屑 60 克，泡打粉 1.5 克，
蛋白 80 克，砂糖 35 克，低筋面粉 55 克，
玉米淀粉 55 克，透明果膏 30 克

准备

1. 烤箱提前预热至所需温度。
2. 模具提前涂上色拉油、撒粉、垫纸，备用。
3. 所有的粉类都要过筛，可以避免颗粒与
   杂质；过筛后，粉类会变得更加松散，
   易于混合。

制作过程

1. 先将黄油和绵白糖一起放在容
   器中，搅拌打发至呈乳黄色。
2. 分 3 次加入蛋黄，搅拌均匀。
3. 再加入香橙酱，混合拌匀。
4. 然后加入橙皮屑，搅拌均匀。
5. 加入过筛的泡打粉充分搅拌均
   匀，备用。
6. 将蛋白和砂糖放在同一个容器
   中，先以慢速拌至糖化，再用
   快速打至中性发泡。
7. 先取 1/3 的步骤 6 中打发好的
   蛋白与步骤 5 中搅拌好的蛋黄
   糊混合拌匀，再倒回剩余的蛋
   白糊中，充分混合拌匀。
8. 加入过筛的低筋面粉和玉米淀
   粉充分拌匀，倒入模具中约八
   分满。
9. 放入事先预热至上下火
   180℃/160℃的烤箱中，烤至
   表面上色（约 15 分钟）后，
   再以上下火 160℃/150℃烤
   熟（约 30 分钟），出炉趁热
   刷上透明果膏，待冷却后脱模，
   食用时切成所需大小即可。

制作要点

黄油冬天要化开 1/3 或者 1/2，搅
拌的速度以快速为佳；夏天搅拌的速度
以中速最佳。

推荐理由：

浓郁清新，口感扎实，鲜橙
季不可错过的美食。

人气食单
最具人气西点
推荐指数
★★★★

制作时间
60 分钟

烘烤时间
45 分钟

推荐理由：

　　多种食材，搭配出最全营养。像妈妈的关心，加倍温暖有营养。

人气食单
最具人气西点
推荐指数
★ ★ ★ ★ ★

制作时间
60 分钟

烘烤时间
40 分钟

焦糖核桃蛋糕

原料

A. 黄油 100 克，绵白糖 85 克

B. 鸡蛋 2 个

C. 低筋面粉 100 克，泡打粉 1.5 克

D. 绵白糖 44 克，开水 13 克

E. 水 5 克

F. 核桃仁碎 50 克

准备

1. 在模具内侧和底部抹上黄油，撒上粉，再放入裁剪合适的烘焙纸（防粘）。

2. 黄油冬天要化开 1/3 或者 1/2，搅拌的速度以快速为佳。夏天搅拌的速度以中速最佳。

3. 所有粉类过筛。既防止出现颗粒和杂质，又会变得更加松散，易于混合。

4. 烤箱提前预热至所需温度。

制作要点

表面作装饰的核桃仁必须烤熟才能使用。

→面团揉制

 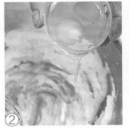  

→成型

   烘烤

制作过程

1. 先将材料 A 放在容器中，搅拌打发。

2. 将材料 B 分次加入，搅拌均匀。

3. 将材料 C 过筛后加入，搅匀成面糊，备用。

4. 将材料 D 混合加热，以中火煮成焦糖色，然后加入材料 E 拌匀，最后加入材料 F 充分拌匀，冷却成焦糖核桃液，备用。

5. 将焦糖核桃液倒入备用的面糊中，混合拌匀成蛋糕糊。

6. 将蛋糕糊倒入蛋糕模中，震平，再盖上盖子。

7. 入炉，以上下火 180℃/160℃烤约 40 分钟，出炉稍微冷却，然后脱模，再将垫纸撕掉。

8. 食用时将蛋糕切片即可。

制作时间
55 分钟

烘烤时间
40 分钟

水蜜桃红茶蛋糕

原料

无盐奶油 100 克，糖粉 98 克，鸡蛋 2 个，米粉 55 克，低筋面粉 45 克，杏仁粉 50 克，泡打粉 1 克，细盐 1 克，伯爵茶 5 克，黄桃 45 克，低筋面粉适量

糖浆材料

黄桃汁 15 克，水 7 克，白朗姆酒 15 克

人气食单

最具人气西点

推荐指数

★ ★ ★ ★

推荐理由：

美味诱人，热恋中女孩的甜蜜气息惹人喜爱。

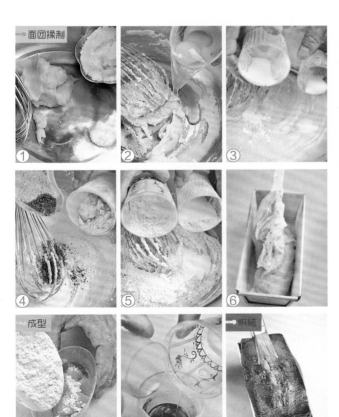

制作过程

1. 将无盐奶油和糖粉一起搅拌至发白为止。
2. 再将鸡蛋分次加入，搅拌均匀。
3. 然后加入细盐和泡打粉拌匀。
4. 接着加入杏仁粉和伯爵茶，搅拌均匀。
5. 最后加入低筋面粉和米粉，拌匀成面糊。
6. 将面糊倒入模具中约四分满，备用。
7. 将黄桃和适量低筋面粉拌一下，倒入模具中，再将剩余的面糊倒入约八分满，轻震两下，入炉以上下火 180℃ /160℃ 烤约 40 分钟。
8. 将制糖浆的三种材料放在一起拌匀。
9. 待蛋糕出炉后，趁热刷上糖浆，脱模冷却即可。

制作时间 70 分钟

烘烤时间 40 分钟

咖啡酸奶核桃蛋糕

原料 酥菠萝材料

奶油 150 克，绵白糖 100 克，全蛋 2 个，香草粉 1.5 克，盐 1 克，低筋面粉 200 克，泡打粉 3 克，酸奶油 150 克

绵白糖 50 克，饼干碎 100 克，即溶咖啡粉 5 克，核桃碎 50 克，肉桂粉 2.5 克，奶油 50 克

准备

1. 全蛋打散。
2. 所有粉类分别过筛，备用。
3. 奶油放在室温下，软化至用手指按压奶油中心可凹陷的程度。
4. 做酥菠萝的奶油要冷藏。
5. 核桃先用 150℃烤焙 7~8 分钟，待冷却后碾成细碎末。
6. 烤箱以 170℃预热。

制作过程

1. 将奶油、绵白糖、即溶咖啡粉、核桃碎和肉桂粉及饼干碎倒入容器中拌匀成面团，然后将面团切成米粒状，即成酥菠萝。

2. 将 1/3 的酥菠萝倒入模具中压平，备用。

3. 将软化的奶油和绵白糖倒入容器中，用电动打蛋器以中速搅拌至奶油微白。

4. 再将全蛋液分数次慢慢加入，每加入一次就先拌匀，使其被吸收。

5. 继续加入香草粉、盐、低筋面粉、泡打粉，再使用橡皮刮刀拌匀。

6. 然后分次加入酸奶油拌匀，即成面糊。

7. 将 1/2 的面糊挤入模具中。

8. 再续入 1/3 量的酥菠萝铺平。

9. 再挤入剩余的面糊。

10. 最后将剩余的酥菠萝铺在最上层。

11. 入炉，以上下火 170℃烤 40 分钟左右，出炉冷却后即可（也可以切块食用）。

人气食单
最具人气西点
推荐指数
★ ★ ★ ★ ★

推荐理由：

一如父亲的爱，深沉醇厚，温暖又有力量。

工具

搅拌器、橡皮刮刀、毛刷、筛粉器、钢盆或玻璃盆、直径 15 厘米圆模具

面团操制 ① ② ③ ④
⑤ ⑥ 成型 ⑦ ⑧
⑨ ⑩ 烘烤 ⑪

巧克力慕斯材料

黑巧克力 120 克，蛋黄 35 克，糖浆 45 克（500 克水 +50 克白砂糖煮开），淡奶油 200 克，吉利丁 2 克

装饰材料

可可粉，新鲜水果

制作巧克力慕斯

1. 巧克力隔热水加热化开成液体状。
2. 蛋黄中加入糖浆，隔热水打发至 80℃。
3. 蛋黄加入巧克力液中搅匀。
4. 淡奶油打发，加入巧克力酱拌匀。

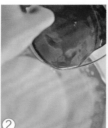

制作巧克力蛋糕

1. 鸡蛋、蛋黄、蜂蜜一起打发，分次加入白砂糖。
2. 黄油放入微波炉低温软化，加入打发好的鸡蛋中拌匀。
3. 粉类筛入蛋黄中拌匀。
4. 蛋清打发，白砂糖分次加入，打发至尖角状，分次加入面糊中拌匀。
5. 倒入烤盘 800 克（烤盘尺寸：40 厘米 ×60 厘米）抹平。
6. 以 180℃，烘烤 10 分钟。
7. 蛋糕体用慕斯圈刻出使用大小两片。
8. 慕斯圈底部包膜，放入蛋糕体，倒入 150 克巧克力慕斯。
9. 放入第二片蛋糕体。
10. 冷藏 5 分钟，倒入 150 克巧克力慕斯。

11. 冷冻 1 小时，取出脱模，表面撒上一层可可粉，用新鲜水果装饰即可。

"我真希望拥有真爱,哪怕一回都好。"

"你想要什么样的真爱呢?"

"比方说吧,我跟你说我想吃草莓蛋糕,你就立刻丢下一切,跑去给我买,接着气喘吁吁地把蛋糕递给我,然后我说'我现在不想要了',于是你二话不说就把蛋糕丢出窗外,这就是我说的真爱。"

"我觉得这跟真爱一点关系都没有嘛。"

"有啊,我希望对方答道'知道了,都是我的错,我真是头没脑子的蠢驴,我再去给你买别的,你想要什么?巧克力慕斯还是芝士蛋糕?'"

"然后呢?"

"然后我就好好爱他。"

——摘自《挪威的森林》(村上春树著)

巧克力慕斯蛋糕

巧克力蛋糕材料

面粉 110 克,杏仁粉 110 克,可可粉 75 克,黄油 110 克,蛋黄 270 克,鸡蛋 150 克,白砂糖 225 克,蜂蜜 60 克,蛋清 375 克,白砂糖 190 克

人气食单

最具人气西点

推荐指数

★ ★ ★ ★

推荐理由:

"偷得浮生半日闲"的小资情怀。

制作时间
30 分钟

烘烤时间
25 分钟

乳酪蒸蛋糕

原料

鸡蛋 2 个，绵白糖 100 克，低筋面粉 100 克，泡打粉 6 克，色拉油 28 克，牛奶 100 克，奶油乳酪 100 克

制作要点

奶油乳酪要提前常温回软。

推荐理由：

给自己带一份小便当，下午肚子饿的时候抚慰饥肠。

制作过程

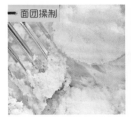

1. 将奶油乳酪用打蛋器打软，加入绵白糖打至微发。

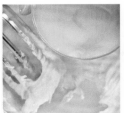

2. 将鸡蛋液分次加入其中，拌匀。

3. 慢慢加入牛奶，搅拌均匀。

4. 把过筛后的低筋面粉和泡打粉加入其中，充分搅拌均匀。

5. 再加入色拉油搅拌均匀。

6. 将蛋糕糊倒入圆形杯子模具内，约八分满，再将其放入烤盘中。

7. 在烤盘内注入开水，至模具的1/2高度。

8. 将蛋糕坯放入烤箱内，以上下火160℃/160℃烘烤25分钟左右即可。

巧克力米蛋糕

推荐理由:

香蕉和蛋糕的香气无比和谐地混在一起。米粉做出的蛋糕糊,配上颗颗巧克力豆,浓香之外是柔中有劲的口感。

人气食单

最具人气西点

推荐指数

★ ★ ★ ★ ★

原料

香蕉 50 克，蛋黄 30 克，细盐 0.4 克，牛奶 15 克，色拉油 20 克，米粉 60 克，蛋白 60 克，绵白糖 30 克，耐烘烤巧克力豆 30 克

 制作时间 25 分钟

 烘烤时间 20 分钟

制作过程

1. 将香蕉去皮，放在容器中压成泥。
2. 加入蛋黄液、细盐，混合拌匀。
3. 加入牛奶、色拉油，混合拌匀。
4. 将米粉过筛后加入步骤 3 中，充分搅拌均匀，备用。
5. 将蛋白液放在另一容器中打发好。
6. 加入绵白糖搅拌至糖溶化。
7. 用电动打蛋器快速打发至中性发泡。
8. 先取 1/3 打好的蛋白加入蛋黄液中，用刮板拌匀。
9. 再倒回到剩余的蛋白液中拌匀。
10. 将蛋糕糊装入裱花袋中，挤入模具中约九分满。
11. 将蛋糕坯放入烤盘，将巧克力豆撒在蛋糕坯的表面。
12. 将蛋糕坯放入事先预热好的烤箱中，以上火 180℃、下火 150℃烘烤约 20 分钟即可。

制作要点

1. 香蕉泥要压匀。
2. 烤箱要提前预热。

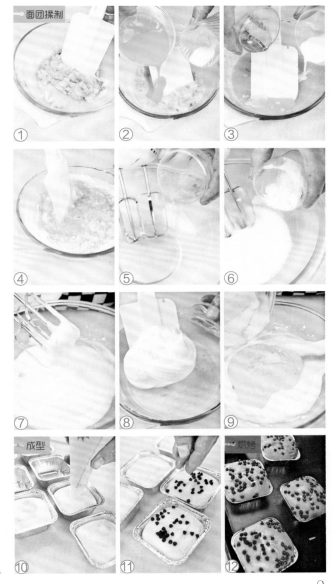

推荐理由：

没有创造的生活不能算生活，美味需要不断创造和发掘。

制作时间
45 分钟

烘烤时间
25 分钟

泡芙水果蛋糕卷

泡芙面糊

无盐奶油 50 克，水 100 克，盐 2 克，绵白糖 10 克，低筋面粉 60 克，鸡蛋 4 个

泡芙馅料

蛋黄 20 克，绵白糖（A）34 克，绵白糖（B）5 克，玉米淀粉 12 克，牛奶 234 克，香草粉 4 克，吉利丁粉 5 克，淡奶油 120 克，水 23 克，草莓丁 50 克，猕猴桃丁 55 克，黄桃丁 65 克，凤梨丁 60 克

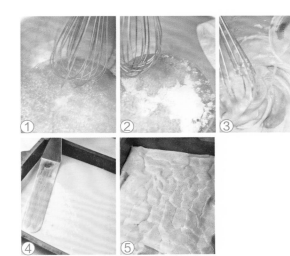

面糊制作

1. 将无盐奶油、水和盐一起放在容器中加热煮沸。
2. 将过筛的低筋面粉加入到步骤 1 中，烫熟。
3. 将步骤 2 搅拌降温至 40℃，分次加入鸡蛋液搅拌均匀。
4. 将步骤 3 充分拌匀后倒入垫纸的软胶模中，抹平。
5. 将步骤 4 放入烤箱，以上下火 200℃/180℃烤约 25 分钟，出炉冷却备用。

馅料制作

1. 将蛋黄液、绵白糖（A）搅匀，加入过筛的玉米淀粉，拌匀备用。
2. 将牛奶放在加热容器中，加入绵白糖（B）和香草粉拌匀，加热煮至 45℃。
3. 将吉利丁粉和水拌匀，加入步骤 2 中拌匀，再以边煮边搅的方式煮至糊状，冷却备用。
4. 将淡奶油搅拌打发好，加入到步骤 3 中拌匀。
5. 将烤好的蛋糕倒扣在白纸上，撕掉垫纸，抹上馅料，撒水果丁，卷起来，松弛 10 分钟切成四等份即可。

草莓乳酪蛋糕

推荐理由：

浓郁的乳酪滋味，加上清甜的草莓，一口香浓，意犹未尽。

制作时间
30 分钟

烘烤时间
35 分钟

原料

乳酪 200 克，绵白糖 10 克，蛋黄 1 个，
白兰地 10 克，酥油 35 克，低筋面粉 25 克，
草莓粒 45 克，蛋白 1 个，绵白糖 50 克，
白巧克力适量，巧克力棒适量

制作过程

1. 将乳酪稍作软化，加入绵白糖搅拌至微发。

2. 加入蛋黄液搅拌均匀。

3. 加入化好的酥油搅拌均匀。

4. 再加入过筛后的低筋面粉拌匀。

5. 将蛋白液和绵白糖放在一起，搅拌至中性
发泡。

6. 将草莓切成碎粒，提前用白兰地浸泡好，
加入其中搅拌均匀。

7. 取 1/3 打发好的蛋白与面糊拌匀。

8. 再将剩余的蛋白加入其中，搅拌均匀。

9. 将蛋糕糊装入裱花袋，挤入模具内，九分
满即可。

10. 将蛋糕坯放入烤盘中，再往烤盘中倒入
开水，以上火 190℃、下火 170℃隔水烘
烤 35 分钟左右。

11. 烤好的蛋糕出炉冷却，将事先化开的白
巧克力液淋在蛋糕表面。

12. 再用草莓和巧克力棒装饰一下即可。

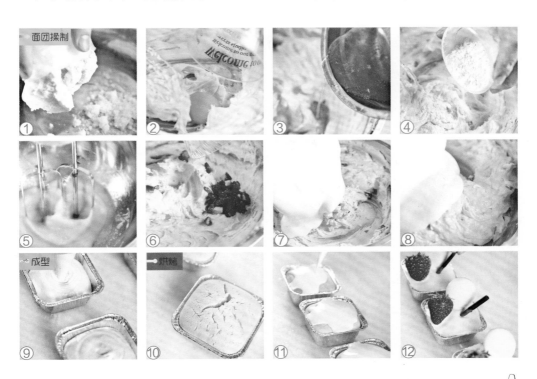

人气食单
最具人气西点
推荐指数
★★★★★

推荐理由：

香甜的内心，不俗的外表，

快节奏里的慢生活。

杏仁奶馅蛋糕

达克瓦兹蛋糕体材料

蛋清 225 克，白砂糖 80 克，杏仁糖粉
400 克（200 克杏仁粉 +200 克糖粉），
面粉 27 克

卡仕达酱材料

蛋黄 60 克，白砂糖 75 克，牛奶 250 毫升，
香草荚 1/2 根，黄油 50 克

装饰材料

可可粉，糖粉

制作时间 40 分钟　烘烤时间 25 分钟

卡仕达酱制作

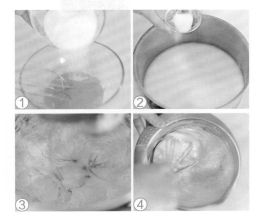

1. 蛋黄、白砂糖搅匀，
2. 牛奶、香草荚倒入锅内煮温热，倒入蛋黄
   中搅匀，
3. 倒回锅内煮开，离火，加入黄油搅匀。

达克瓦兹蛋糕制作

1. 糖分次加入蛋清中打发。（图 1）
2. 杏仁糖粉、面粉一起过筛到蛋清中，拌匀。
   （图 2）
3. 倒入烤盘中抹平（烤盘尺寸：40 厘米
   ×30 厘米）。（图 3）
4. 以 170℃烘烤 25 分钟。
5. 达克瓦兹蛋糕体用方形慕斯模具分割成两
   片。
6. 放入一片蛋糕体在慕斯圈内，挤入卡仕达
   酱 200 克抹平。（图 4）
7. 放入第二张蛋糕体，冷冻 10 分钟。
8. 取出脱模，撒上糖粉、可可粉。（图 5）

制作时间
50分钟

烘烤时间
30分钟

草莓蛋糕

海绵蛋糕体材料

鸡蛋 100 克，白砂糖 60 克，低筋面粉
60 克，黄油 20 克

卡仕达酱材料

牛奶 100 克，香草荚 1/4 根，白砂糖
100 克，蛋黄 75 克，黄油 250 克

推荐理由：

甜心又漂亮的香草莓，自己

动手给最爱的人一个惊喜吧！

草莓糖水

水 500 克，白砂糖 175 克，草莓酒 10 克

草莓蛋糕制作

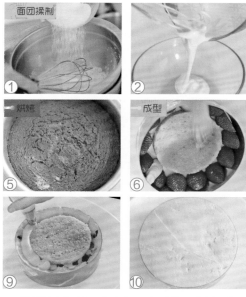

1. 鸡蛋隔水打发，分次加入白砂糖。（图 1）
2. 黄油用微波炉加热化成液体状，倒入打发完成的鸡蛋中搅匀。（图 2）
3. 筛入低筋面粉拌匀，倒入 6 寸慕斯圈内。（图 3~4）
4. 以 170℃，烘焙 30 分钟制成海绵蛋糕。（图 5）

装饰材料

草莓，樱桃，薄荷，香草荚

卡仕达酱制作

1. 蛋黄、一半白砂糖搅匀，
2. 牛奶、香草荚、一半白砂糖煮温热，倒入蛋黄中搅匀，回锅煮开，包膜入冰箱冷藏。
3. 分次加入室温软化黄油中打发搅匀。
4. 装入裱花袋挤入模具内，抹平，冷藏凝固后脱模。

5. 脱模分割成 1 厘米厚度的两片蛋糕体。
6. 草莓洗干净沥干，一切为二。慕斯圈底部包保鲜膜依次排放入草莓，再将底部放入一片蛋糕体，刷上草莓糖水。（图 6）
7. 围着草莓挤一圈卡仕达酱，用勺子抹匀。（图 7）
8. 中间放入草莓，挤入卡仕达酱，用勺子抹平后放入第二片蛋糕体，刷上草莓糖水。（图 8）
9. 挤上卡仕达酱抹平，入冰箱冷藏凝固后脱模。（图 9）
10. 表面淋上红色镜面果胶，装饰新鲜水果。

白色布朗尼

原料

A. 奶油 250 克，白巧克力 250 克

B. 全蛋 7 个，绵白糖 250 克

C. 低筋面粉 250 克，杏仁碎 250 克

D. 白巧克力 10 克，黑巧克力 30 克

准备

1. 将烤箱预热至上下火 180℃ /150℃。

2. 黑巧克力、白巧克力分别切碎，备用。

3. 所有的粉类均过筛，备用。

4. 将杏仁碎烤熟，备用。

5. 烤模垫纸，备用。

制作过程

1. 先将材料 A 放在容器中隔水化开，备用。

2. 将材料 B 放入另一容器中，用电动打蛋器以中速搅拌打发，打发至拉起滴落时比较缓慢即可。

3. 然后慢慢加入备用的材料 A，混合拌匀。

4. 接着加入材料 C，拌匀，制成面糊。

5. 将面糊倒入垫纸的烤盘内，抹平。

6. 入炉，以上下火 180℃ /150℃ 烤约 30 分钟，出炉冷却备用。

7. 将材料 D 分别隔水加热化开；先将化开的白巧克力淋于蛋糕表面抹平，再用黑巧克力挤上线条。

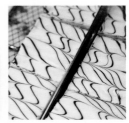

8. 最后将蛋糕用竹签划出纹路，再切块即可。

制作要点

切蛋糕的时候刀必须加热，以免将蛋糕切碎。

制作时间
45 分钟

烘烤时间
30 分钟

推荐理由：

健康的高蛋白零食，优雅的
外表和口感足以让人百尝不厌。

巴西迪乳酪蛋糕

推荐理由:

世界杯之夜的小点心,搭一杯橙汁,让

沸腾的身心"嗨"到天明。

巧克力蛋糕面糊材料

A. 鸡蛋 4 个，绵白糖 100 克，高筋面粉
   35 克，低筋面粉 40 克
B. 乳化剂 9 克，高筋面粉 37 克，低筋
   面粉 38 克
C. 水 57 克，可可粉 20 克
D. 色拉油 50 克

准备

1. 烤箱预热至所需温度。
2. 烤盘垫纸备用。
3. 所有的粉类均过筛，备用。
4. 奶油乳酪常温回软，备用。

制作时间 70 分钟　烘烤时间 55 分钟

乳酪馅材料

E. 奶油乳酪 217 克，绵白糖 50 克
F. 蛋白 2 个
G. 淡奶油 17 克

制作过程

1. 将材料 E 用电动打蛋器以中速搅拌打软。
2. 分次加入材料 F，拌匀。
3. 再加入材料 G 充分搅拌均匀，制成乳酪馅，
   备用。
4. 将材料 C 放在一起加热煮沸，然后加入材
   料 D 混合拌匀，制成可可液，冷却备用。
5. 将材料 A 搅拌，打至糖溶解。
6. 再加入材料 B，搅拌打发成面糊。
7. 将备用的可可液加入面糊中，拌匀，制成
   蛋糕糊。
8. 先取 1/2 蛋糕糊倒入烤盘中抹平，以上下
   火 200℃ /150℃烤约 25 分钟。
9. 出炉后，将乳酪馅加入，抹平，并将剩余
   的 1/2 的蛋糕糊加入，抹平；再以上下火
   200℃ /0℃烤 30 ～ 40 分钟。
10. 最后将蛋糕出炉，冷却后切成 6 条长条
    形即可。

①

②

③

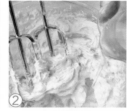
④

⑤

⑥

⑦

⑧

⑨

⑩

推荐理由：

低调的奢华，来自浪漫之都

人见人爱的可丽露小姐。

叮丽露蛋糕

原料

牛奶 250 克，香草粉 1.5 克，绵白糖 125 克，全蛋 1 个，蛋黄 1 个，无盐奶油 25 克，低筋面粉 55 克，朗姆酒 6 克，玉米淀粉 16 克

制作时间 45 分钟
烘烤时间 30 分钟

制作过程

面团揉制

1. 先将软胶模中涂上固体奶油，备用。

2. 将全蛋、蛋黄和绵白糖放在一起，用电动打蛋器以中速搅拌均匀。

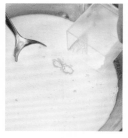

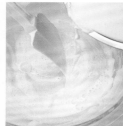

3. 再加入过筛的低筋面粉、玉米淀粉，拌匀成面糊，备用。

4. 将牛奶放入锅中，然后加入香草粉一同加热煮沸。

5. 再将牛奶慢慢加入面糊中，搅拌均匀。

6. 接着加入朗姆酒混合拌匀。

成型

烘烤

7. 再加入无盐奶油搅拌均匀，制成蛋糕糊。

8. 将蛋糕糊用筛网过滤一次，放入冰箱冷藏 4 小时进行松弛。

9. 将松弛好的蛋糕糊倒入备用的模具中，约九分满。

10. 送入已预热好的烤箱中，以上下火 230℃烤约 30 分钟，出炉稍微冷却后脱模即可。

南瓜布丁蛋糕

推荐理由：

悠悠岁月，品出幸福的滋味。

制作时间
55 分钟

烘烤时间
43 分钟

面糊材料 焦糖材料

鸡蛋3个，绵白糖70克，低筋面粉40克，玉米淀粉6克，巧克力粉20克

绵白糖30克，水15克，水10克

南瓜布丁材料 馅心材料

南瓜泥100克，玉桂粉1克，淡奶油80克，朗姆酒4克，绵白糖33克，牛奶50克，全蛋1个，蛋黄1个

鲜奶油250克，绵白糖15克，白兰地25克

制作过程

1. 将鸡蛋和绵白糖放在一起，用电动打蛋器以中速搅拌打发，至拉起后滴落扩散得比较慢即可。

2. 再加入过筛的巧克力粉，搅拌均匀。

3. 接着加入过筛的低筋面粉和玉米淀粉，充分搅拌均匀成面糊。

4. 将面糊倒入垫纸的烤盘中抹平，入炉，以上下火200℃/160℃烤约15分钟，制成巧克力蛋糕，出炉冷却备用。

5. 将模具中抹上固体油脂，备用。

6. 将绵白糖和15克的水一起加热煮至稍微焦色，再加入10克的水定色，制成焦糖，倒入模具中备用。

7. 将南瓜泥、淡奶油、玉桂粉和朗姆酒放在同一个容器中混合拌匀，备用。然后将绵白糖和牛奶混合拌匀，再加入蛋黄和全蛋搅拌均匀。

8. 接着将以上两种混合好的材料过滤后混合拌匀，倒入模具中，入炉，以上下火160℃/170℃隔水烘烤约30分钟，制成南瓜布丁，出炉冷却后放入冰箱冷藏，备用。

9. 将鲜奶油和绵白糖一起搅拌打发，然后加入白兰地充分拌匀，制成鲜奶油馅料，备用。

10. 将巧克力蛋糕倒扣在白纸上，撕掉垫纸，然后抹上奶油馅料，再放上南瓜布丁卷起来，松弛10分钟定型，最后切成5等份即可。

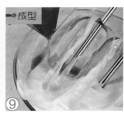

制作时间 30 分钟　烘烤时间 13 分钟

咖啡贝壳蛋糕

原料

鸡蛋 1 个，绵白糖 31 克，柠檬碎 5 克，咖啡粉 5 克，低筋面粉 40 克，泡打粉 1 克，蜂蜜 15 克，奶油 40 克

准备

1. 烤箱预热至上下火 180℃ /170℃。
2. 奶油隔水加热化开，保存在温水中备用。
3. 所有的粉类均过筛，备用。

推荐理由：

阳光灿烂的下午，暗自思念一块香甜的点心。

① 面团揉制
②
③
④
⑤
⑥
⑦ 成型
⑧
⑨ 烘烤

制作过程

1. 将奶油隔水加热化开，备用。
2. 将鸡蛋放在容器中，用电动打蛋器以中速搅拌打散。
3. 加入绵白糖搅拌均匀。
4. 再隔水加热搅拌，约 40℃后离火。
5. 加入柠檬碎和过筛的咖啡粉、低筋面粉、泡打粉，搅拌均匀。
6. 然后加入蜂蜜拌匀。
7. 最后加入化开的奶油充分拌匀，制成蛋糕糊，静置 25 分钟左右。
8. 将蛋糕糊装入裱花袋中，挤在模具中约八分满。
9. 入炉，以上下火 180℃ /170℃ 烤约 13 分钟，出炉脱模冷却即可。

熔岩巧克力蛋糕

人气食单
最具人气西点
推荐指数
★★★★

推荐理由:

咬一口,会有巧克力浆爆出,满满都是惊

喜,爱吃巧克力的你一定不能错过。

制作时间
35分钟

烘烤时间
20分钟

原料

黑巧克力（Ａ）120 克，黑巧克力（Ｂ）100 克，鲜奶油（Ａ）60 克，奶油（Ｂ）100 克，鸡蛋 90 克，绵白糖 70 克，低筋面粉 50 克

制作过程

1. 甘那许制作：将黑巧克力（Ａ）和鲜奶油（Ａ）隔水化开。

2. 将步骤 1 装入裱花袋，挤在软胶垫上，呈扁圆片状，放入冰箱冷藏，备用。

3. 面糊制作：将黑巧克力（Ｂ）和奶油（Ｂ）隔水化开，备用。

4. 将鸡蛋液、绵白糖放在一起搅拌至白糖溶化。

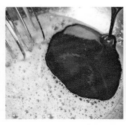

5. 将步骤 3 做好的面糊加入到步骤 4 的蛋糖中，充分拌匀。

6. 再加入过筛的低筋面粉，搅拌均匀成蛋糕糊。

7. 将蛋糕糊装入裱花袋，挤在模具中约三分满。

8. 将从冰箱里取出的扁圆片巧克力放在上面。

9. 挤入剩余的蛋糕糊至约九分满，提起模具后放到台面上震一震使表面摊平。

10. 将蛋糕坯放入预热好的烤箱，以上火 190℃、下火 170℃烘烤约 20 分钟，脱模冷却即可。

制作要点

1. 烤箱需要提前预热至所需温度。

2. 巧克力切碎。

3. 所有的粉类需过筛。

4. 化开的巧克力必须保存在温水中。

蜂蜜千层蛋糕卷

制作时间
40分钟

烘烤时间
30分钟

推荐理由：

人生有雾霾也有狂风，存过夜后越发香

浓甜软的蜂蜜千层，遇见彩虹。

原料

全蛋 330 克，绵白糖 150 克，香草粉 2 克，蜂蜜 40 克，盐 1.5 克，泡打粉 2.5 克，低筋面粉 140 克，色拉油 100 克，牛奶 80 克

制作过程

1. 将全蛋液、绵白糖、盐放入容器中打散。

2. 加入蜂蜜和香草粉，搅拌均匀。

3. 再用隔水加热的方式搅拌打发（37℃～42℃，可用手试温）。

4. 将步骤 3 离火，搅拌至呈乳白色。

5. 加入过筛的低筋粉和泡打粉，拌匀。

6. 慢慢分次加入牛奶，拌匀。

7. 加入色拉油，拌匀即成蛋糕糊。

8. 先在模具中倒入 1/3 的蛋糕糊，抹平，送入已预热的烤箱，以上下火 200℃/120℃烤约 5 分钟至蛋糕表面上色，取出。

9. 再倒入 1/3 的面糊，抹平，烘烤，取出；再倒入剩余 1/3 的面糊，抹平，烘烤。（总烤焙时间约 25 分钟）

10. 上色后关火闷约 3 分钟，取出。将烤好的蛋糕冷却后倒扣在操作台上，撕掉垫纸。

11. 千层卷法：将蛋糕体抹上果酱，再卷制成圆筒状，放冰箱冷却冰硬，切成大小一致的片状。千层叠法：将蛋糕平均切成三等份，抹上果酱再叠层后切成大小一致的长块状即可。

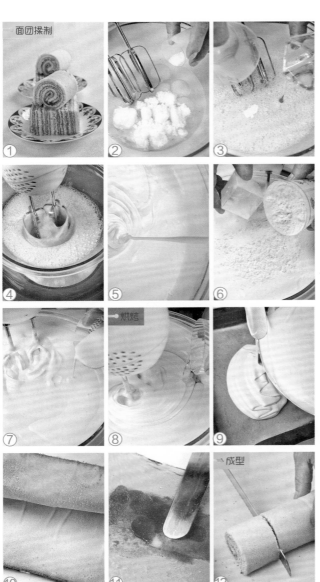

分蛋蛋糕

原料

奶油 35 克，低筋面粉 43 克，牛奶 35 克，全蛋 1 个，蛋黄 2 个，朗姆酒 3 克，蛋白 4 个，绵白糖 58 克

装饰材料

蛋黄 1 个

准备

1. 将烤盘铺纸。
2. 将装饰线条的蛋黄打散，装入裱花袋内。
3. 奶油隔水加热化开，备用。
4. 烤箱预热至所需温度。

 制作时间 45 分钟
 烘烤时间 35 分钟

制作过程

1. 将牛奶放在容器中，加入全蛋和蛋黄，搅拌均匀。
2. 加入过筛的低筋面粉、朗姆酒，快速拌匀。
3. 再加入化开的奶油充分拌匀，即成蛋黄面糊。
4. 将蛋白和绵白糖放在一起，以中速转高速搅打至中性发泡，成为细致顺滑的蛋白霜。
5. 取 1/3 的蛋白霜，加入蛋黄面糊内拌匀，再倒回剩余的蛋白霜内搅拌均匀，制成蛋糕糊。
6. 将蛋糕糊倒入已铺纸的烤盘内，用小刮板将蛋糕糊稍微抹平。
7. 将装饰线条用的蛋黄装入裱花袋中，以来回的线条挤在面糊表面，用筷子或者竹签将蛋黄线条来回画出纹路。
8. 烤箱预热后，以上下火 180℃ /160℃烤约 10 分钟，上色后改成上下火 160℃ /140℃，再烤约 25 分钟，出炉冷却后将蛋糕倒扣在一张白纸上，撕开底纸后切块即可。

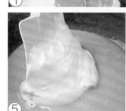
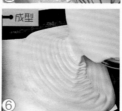

制作要点

制作黄金蛋糕，特别需要掌握烘焙技巧，烤焙不足或烤焙过度，蛋糕出炉即会塌陷扁缩。要特别注意，蛋糕刚进炉时的温度要足够，表面一旦上色就必须降温，再慢慢焙烤，要确保烤透后再出炉。

黄金蛋糕

推荐理由：

　　舌尖上的黄金口感享受，黄金比例搭配制作出的蛋糕。

推荐理由：

　　极致的细腻，入口绵滑沙软，内里空气丰富，爱不释口。烘焙爱好者必做品。

蜂蜜戚风蛋糕

制作时间 40 分钟　　烘烤时间 30 分钟

原料

A. 牛奶 40 克，蛋黄 4 个
B. 色拉油 50 克
C. 蜂蜜 40 克

D. 低筋面粉 95 克
E. 蛋白 4 个，绵白糖 50 克

制作过程

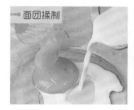

1. 先将材料 A 放在容器中混合拌匀。

2. 接着加入材料 B，混合拌匀。

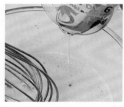

3. 再加入材料 C 拌匀。

4. 然后加入过筛的材料 D，充分拌匀，制成面糊，备用。

5. 将材料 E 放在容器中，用电动打蛋器以中慢速搅拌至糖化。

6. 再改用快速，打至中性发泡，制成蛋白霜。

7. 先取 1/3 的蛋白霜加入面糊中拌匀。

8. 将拌匀的面糊倒回剩余的蛋白霜中，充分拌匀。

9. 然后倒入模具中约八分满。

10. 入炉，以上下火190℃ /170℃烤约30 分钟，至表面呈金黄色。

11. 出炉脱模冷却即可。

櫻桃戚风蛋糕

原料

A. 蛋黄 2 个，绵白糖 20 克，水 50 克，
   色拉油 30 克

B. 低筋面粉 60 克

C. 蛋白 2 个

D. 绵白糖 40 克

E. 打发鲜奶油适量，樱桃适量

推荐理由：

简单的裱花，恰似五月素色
花海中加入了一粒红色的精灵。

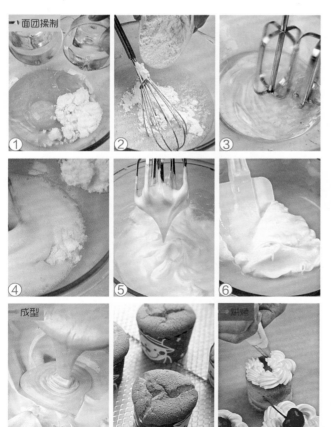

制作过程

1. 将材料 A 放在一起混合，拌至
   糖化。

2. 加入过筛的材料 B，充分搅拌
   均匀，制成面糊，备用。

3. 将材料 C 用电动打蛋器打至湿
   性发泡。

4. 加入材料 D，用慢速拌至糖化。

5. 再用快速打至中性发泡，制成
   蛋白霜。

6. 先取 1/3 的蛋白霜和面糊混合
   拌匀。

7. 再将面糊倒入剩余的蛋白霜中
   拌匀，装入纸杯模具中约八分
   满。

8. 入炉，以上下火 190℃ /150℃
   烤约 20 分钟。

9. 将烤好冷却的蛋糕去掉纸杯，
   倒扣过来，在上面挤上打发好
   的鲜奶油，摆上一颗樱桃即可。

原味鲜奶油蛋糕

推荐理由：

温柔香甜的奶油云朵，配一杯奶茶，烦杂劳累一扫而光。

制作时间
25 分钟

烘烤时间
15 分钟

原料

酥油 26 克，蛋黄 67 克，绵白糖 15 克，
鲜奶油 180 克，蛋白 110 克，砂糖 50 克，
低筋面粉 40 克，装饰奶油适量

制作过程

1. 先将酥油隔水化开。

2. 将蛋黄和绵白糖混
合好，搅拌至糖化，
再搅拌至呈乳化
状。

3. 将砂糖和蛋白混合
好，搅拌至糖化。

4. 再搅拌至中性发泡
呈鸡尾状。

5. 先取 1/3 打发好的
蛋白与蛋黄混合拌
匀。

6. 再加入剩余的蛋白
拌匀。

7. 加入过筛后的低筋
面粉，搅拌均匀。

8. 取少量面糊，加入
化好的酥油拌匀后，
再倒回原面糊内拌
匀。

9. 将蛋糕糊装入裱花
袋，挤入直径 6 厘
米、高 4.5 厘米的
纸杯模具内，九分
满即可。

10. 将蛋糕坯放入
烤箱，以上下火
200℃ /140℃烘烤
15 分钟左右即可。
食用时在上面挤上
鲜奶油。

制作要点

1. 烘烤的时候下火不要太高，以免蛋糕鼓起来。
2. 蛋糕必须完全冷却后，方可在上面挤鲜奶油。

爆款蛋糕 **127**

起司蛋糕

推荐理由：

入口光滑细腻如嫩豆腐，风味
独特，醇香宜人。多吃会变胖噢。

 制作时间 40 分钟

 烘烤时间 26 分钟

原料

A. 奶油乳酪 60 克

B. 牛奶 30 克，酸奶油 55 克

C. 蛋黄 4 个

D. 色拉油 55 克

E. 低筋面粉 80 克

F. 蛋白 4 个，绵白糖 70 克

G. 鲜奶油适量

制作过程

1. 将材料 A 放在容器中搅拌均匀。

2. 加入材料 B 混合拌匀。

3. 接着加入材料 C 拌匀。

4. 然后加入材料 D 混合拌匀。

5. 再加入过筛的材料 E 充分搅拌均匀，制成面糊，备用。

6. 将材料 F 放在容器中，用电动打蛋器以中慢速搅拌至糖化。

7. 再改用快速打至中性发泡，制成蛋白霜。

8. 先取 1/3 的蛋白霜加入面糊中拌匀。

9. 将拌匀的面糊倒回剩余的蛋白霜中，用刮板充分拌匀，制成蛋糕糊。

10. 将蛋糕糊倒入垫纸的模具中。

11. 用抹刀抹平。

12. 入炉，以上下火 190℃ /170℃烤约 26 分钟，至表面呈金黄色出炉，脱模冷却。

13. 将烤好冷却的蛋糕倒扣在白纸上面，撕掉垫纸，抹上打发的鲜奶油，再卷起来，松弛 8 分钟让蛋糕定型。

14. 最后将蛋糕切块即可。

金沙巧克力蛋糕

蛋糕面糊原料　馅心原料

水 50 克，可可粉 15 克，色拉油 43 克，低筋面粉 50 克，小苏打 1.5 克，蛋黄 2 个，蛋白 95 克，绵白糖 60 克，塔塔粉 2 克

奶油 200 克，软质巧克力 100 克，饼干碎 200 克，黑巧克力 200 克

巧克力淋酱原料

鲜奶油 140 克，麦芽糖糖浆 30 克，黑巧克力 200 克，朗姆酒 10 克

装饰材料

杏仁碎 50 克

推荐理由：

起风的下午，朗姆酒和黑巧克力更配噢！

 制作时间 40 分钟　 烘烤时间 20 分钟

准备

1. 烤箱预热至上下火 200℃ /150℃。
2. 所有的粉类均过筛，备用。

①

②

③

巧克力淋酱制作过程

先将巧克力淋酱材料中的黑巧克力隔水化开，然后加入鲜奶油拌匀，再加入麦芽糖糖浆和朗姆酒搅拌均匀，制成淋酱，备用。

①

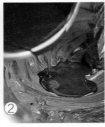
②

③

馅料制作过程

先将馅心材料中的奶油打发，然后加入软质巧克力拌匀，再加入化开的黑巧克力拌匀，最后加入饼干碎充分拌匀，制成馅料，备用。

金沙巧克力制作过程

面团揉制
① ② ③ ④
⑤ ⑥ ⑦ ⑧（烘焙）
⑨ ⑩ 成型 ⑪ ⑫

1. 将蛋糕面糊材料中的过筛可可粉和水一起放在容器中，充分搅拌均匀。

2. 加入色拉油，拌匀。

3. 再将过筛的低筋面粉、小苏打加入，搅拌均匀。

4. 最后加入蛋黄，充分搅拌均匀，制成蛋黄糊，备用。

5. 将蛋白放在容器中，然后加入绵白糖和塔塔粉搅拌至中性发泡，制成蛋白霜。

6. 先取 1/3 的蛋白霜和蛋黄糊混合拌匀，再倒回剩余的蛋白霜中拌匀。

7. 倒入垫纸的模具中抹平。

8. 入炉，以上下火 200℃/150℃烤约 20 分钟，制成蛋糕，出炉冷却备用。

9. 将烤好冷却的蛋糕倒扣在白纸上，然后撕掉底部的垫纸。

10. 在蛋糕表面抹上备用的馅料，然后卷起来，松弛 5 分钟。

11. 在松弛好的蛋糕卷的表面淋上备用的巧克力淋酱。

12. 再撒上杏仁碎，待凝固后切块即可。

制作要点

1. 巧克力切碎化开后要保存在温水中。

2. 朗姆酒可以用白兰地代替。

3. 杏仁碎烤熟后冷却，备用。

爆款面包

　　草长莺飞，想念已久的春天终于如期而至。当她来临，肌肤与躯干一起苏醒，整个世界在丝丝缕缕地颤动，为她娇红，为她新生。

　　沐浴在这样充满生机与希望的春色里，喜悦与欢畅充盈身心，想要去大自然中游戏，感受温柔的风和和煦的阳光。

　　我喜欢约两三好友，在生机盎然的风景里，谈笑风生。比主食还美味的面包，奶香四溢的小甜点，再配些水果与花茶，完美的下午就在谈笑中偷偷溜走了。

面包物语：从源头说起

英国作家格雷安·葛林写过一句话："最好的气味来自面包；最好的味道来自盐巴；最好的爱则来自孩童。"

面包对你来说的意义是什么？是提供能量的食物，是满足口感的味道，是日复一日的职业，还是投入感情的精神食粮？

面包据说是由古代埃及人和巴比伦人发明的。从用火烧、石头烘烤面坯到现在科技化的生产面包，从基础的面团到现在多元化的材料注入，面包已经超越过去的意义，开始影响到更多的人。也许它是一位面包师当成终身事业去钻研的目标，也许它是一个普通人食物清单上必不可少的选项。

做出一个完美的面包绝非易事，面团对环境有着非常高的要求，想要精准地控制温度与湿度，都是需要丰富的理论知识与长时间的操作经验去做铺垫的。每款面包由于所用的材料有所差异，也会带来不同的成品和口感。就拿法棒来讲，在烘烤的时候，面团内的水分在高温烤箱下会被蒸发，变成水蒸气外扩延展开来。如果你在打面的时候低速搅拌，会造成面筋薄膜无法均匀地连接，面包切开后，内部气孔就会不够均匀。这是对面包呈现的影响；薄膜越有弹性和张力、越厚，气泡就越粗，那这款面包就会越有嚼劲。这是对面包口感的影响；此外，发酵也是影响面包的一个重要因素。如果为了缩短发酵时间而增加酵母的用量，就会使面包略带酸酸的味道。如果减少酵母用量，用低温缓慢地进行发酵，则会带出小麦的香味。

有一位面包师曾告诉我，他在德国学习面包的时候，有个重要的部分，是学习材料的制作，就是了解各类面粉、火腿、乳酪、芝士等等材料的知识原理。当你了解了材料之后，就能更好地将它们运用到面包里，不论是作为原材料还是口感上的搭配。有时候面粉的筋度不同，做出来的面包也会有所影响。比如法国面粉就会让面包变得比较坚硬，这并不适应大部分亚洲人的口感。

其实面包不过由几种简单的材料制成：面粉、酵母、盐、水……但真正做出一款好面包是很难得的事情。如果能用心地去对待每个制作环节，尊重天然食材，就是烘焙的本质，就是面包的灵魂所在。

（文／车奔）

甜面团

材料

高筋面粉 400 克（80%），低筋面粉 100 克（20%），砂糖 100 克（20%），盐 6 克（1.2%），干酵母 5 克（1%），鸡蛋液 60 克（约 1 个）（12%），汤种 100 克（20%），牛奶 250 克（50%），黄油 60 克（12%）

注：括号内的百分比，指的都是用料重量与面粉重量的比率。下同。

花式调理面团

材料

高筋面粉 500 克（100%），砂糖 100 克（20%），盐 8 克（1.6%），干酵母 9 克（1.8%），鸡蛋液 80 克（约 1.5 个）（16%），汤种 70 克（14%），鲜牛奶 250 克（50%），黄油 80 克（16%）

制作过程

1. 将干性和湿性材料一起倒入搅拌机搅拌。
2. 搅拌至表面光滑，有弹性，加入黄油。
3. 再搅拌至面团拉开光滑面膜即可。
4. 在室温下，基本发酵 40 分钟。
5. 分成每个 100 克剂子，滚圆，松弛 30 分钟。

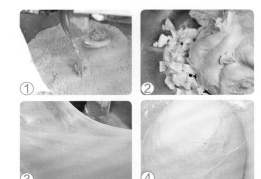

制作过程

1. 将干性和湿性材料一起倒入搅拌机中搅拌。
2. 搅拌至面团表面光滑有弹性，加入黄油。
3. 再搅拌至面团能拉开光滑面膜即可。
4. 以室温 30℃，发酵 50 分钟，即成甜面团。

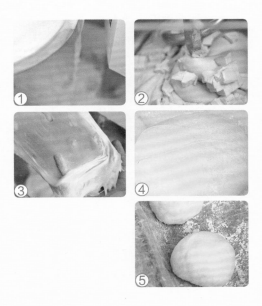

何为汤种？

　　1 份面粉，5 份水，混合在一起搅拌均匀至无颗粒后，小火加热至 70℃离火。加热过程中不断搅拌，等看到锅边起小泡泡，面糊不断变得浓稠，而且会留下搅拌的痕迹的时候，就可以离火了。盖上保鲜膜，冷却到室温即可用，这就是汤种。若冷藏到第二天用，效果更佳。

富士山面团

材料

高筋面粉 400 克（80%），低筋面粉 100 克（20%），砂糖 70 克（14%），盐 7 克（1.4%），汤种 50 克（10%），干酵母 8 克（1.6%），奶粉 20 克（4%），鸡蛋 50 克（约 1 个）（10%），炼乳 30 克（6%），水 250 克（50%），黄油 40 克（8%），片状甜奶油 250 克（50%）

富士山面团制作过程

1. 将所有材料一起放入搅拌机搅拌，至面团光滑有弹性，再加入黄油搅拌均匀即可。
2. 以室温基本发酵 30 分钟，压平，冷冻 2 小时左右。

法国面团

材料

高筋面粉 700 克（70%），低筋面粉 200 克（20%），黑麦粉 100 克（10%），盐 21 克（2.1%），全麦天然酵种 300 克（30%），水 500 克（50%），麦芽精 2 克（0.2%）

制作过程

1. 将干性材料和湿性材料一起倒入搅拌机中，加入天然酵种一起搅拌。
2. 搅拌至面团光滑、有弹性即可。
3. 以室温 30℃，发酵 60 分钟。
4. 然后进行翻面发酵，将面团对折后，发酵 60 分钟。

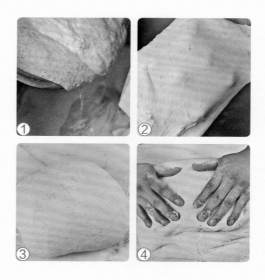

乡村面团

液态种材料及制作

高筋面粉150克（30%），黑麦粉100克（20%），水250克（50%），干酵母1克（0.2%）

用手将所有材料一起搅拌均匀，室温发酵3小时，冷藏发酵一夜，备用。

主面团材料

高筋面粉250克（50%），盐10克（2%），干酵母2克（0.4%），水50克（10%），麦芽精5克（1%），全麦天然酵种100克（20%）

乡村面团制作过程

1. 将液态种和干性、湿性材料一起搅拌，至面团光滑、有弹性即可。
2. 以室温30℃，发酵60分钟。
3. 翻面后再发酵60分钟。

原味布里欧面团

原味布里欧面团材料

高筋面粉400克（80%），低筋面粉100克（20%），盐10克（2%），砂糖50克（10%），干酵母8克（1.6%），蛋黄150克（约5个）（30%），牛奶250克（50%），黄油250克（50%），巧克力豆300克（60%）

乡村面团制作过程

1. 将所有干性和湿性材料一起搅拌成布里欧面团，再将搅拌好的布里欧面团加入巧克力豆，搅拌均匀。
2. 以室温28℃，发酵60分钟。
3. 将发酵好的面团分割成300克/个，分别滚圆，松弛20分钟。

推荐理由：

焦糖的香气令人着迷，而焦糖味的苹果馅更是好吃到爆……

制作时间 240 分钟　烘烤时间 18 分钟

丹麦面团

材料

高筋面粉 400 克（80%），低筋面粉 100 克（20%），砂糖 70 克（14%），盐 9 克（1.8%），鲜酵母 15 克（3%），奶粉 20 克（4%），鸡蛋 40 克（约半个）（8%），黄油 40 克（8%），全麦天然酵种 100 克（20%），水 260 克（52%），片状黄油 250 克（50%）

制作过程

1. 将所有材料一起搅拌成面团，基本发酵 30 分钟，擀开后冷冻 2 小时，再包入片状黄油。

2. 三折两次，放入冷藏松弛 30 分钟，再三折第三次。

①

②

焦糖苹果丹麦

原料

丹麦面团 800 克，克林姆酱适量

焦糖苹果馅　焦糖

苹果粒 500 克，砂糖 200 克，水 50 克，
柠檬 1 个，白兰地 50 克

水 20 克，砂糖 100 克

焦糖苹果馅制作过程

1. 将水和砂糖煮至焦糖色，再倒入苹果粒。
2. 然后加入柠檬和白兰地煮至透红色，即成焦糖苹果馅。

1. 将丹麦面团擀压至 0.5 厘米厚，用圆形模具压出圆片。

2. 用擀面杖将圆面片擀成椭圆形。

3. 置纸托上，放入烤盘，以温度 28℃、湿度 75%，发酵 50 分钟。

4. 发酵好后，在表面挤上克林姆酱。

5. 再放上焦糖苹果馅。

6. 放入烤箱，以上火 200℃、下火 200℃ 烘烤 18 分钟。

7. 出炉冷却，拉上焦糖丝即成。

（丹麦面团制作参见本书 p.138，配方中各材料比例正确即可。）

栗子泥丹麦

（丹麦面团制作参见p.138，配方中各材料比例正确即可。）

原料

丹麦面团 600 克

馅料

栗子泥 100 克，克林姆酱 80 克
将两者一起拌均匀即可。

表面装饰

白巧克力酱、栗子各适量

制作过程

1. 将丹麦面团擀压至 0.5 厘米厚，再分割成 11 厘米 x 11 厘米的正方形。

2. 将正方形面块略整成圆形，表面挤上馅料。

3. 然后将四个角对折。

4. 将接口捏紧，包成圆形。

5. 放入圆形模具。

6. 以温度 28℃、湿度 75% 发酵60分钟。

7. 发酵至模具八分满后在表面压上烤盘。

8. 放入烤箱，以上火 210℃、下火 200℃ 烘烤20分钟。

9. 出炉冷却，淋上事先加热化开的白巧克力酱。

10. 最后放上栗子作为装饰即可。

推荐理由：

超柔软超美味，让你情愿掉

进美食的陷阱。

富士山面包

制作时间 60 分钟　烘烤时间 30 分钟

原料

富士山面团（制作参见本书 p.136）

装饰材料

蛋液适量

制作过程

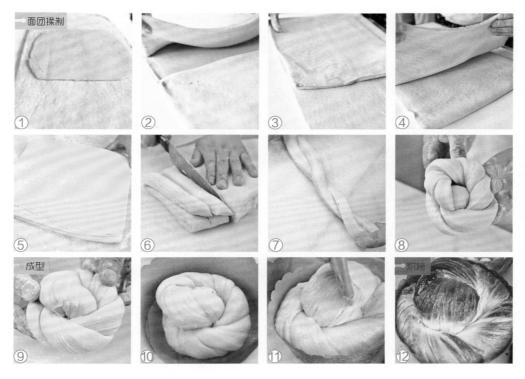

面团揉制 ① ② ③ ④ ⑤ ⑥ ⑦ ⑧

成型 ⑨ ⑩ ⑪ 烘烤 ⑫

1. 将面团擀开，包入片状甜奶油。

2. 对折包紧。

3. 将面团擀压折叠，三折两次，放入冰箱松弛 30 分钟。

4. 将面团解冻，再擀压三折一次，冷藏松弛 30 分钟。

5. 将面团擀压至 1.5 厘米厚。

6. 用牛角刀分割成 2 条，每条 150 克。

7. 再将 2 条一起扭成麻花形。

8. 一头拿着面团朝下绕。

9. 绕一圈后接口朝上。

10. 放入圆形纸托，以温度 25 ℃、湿度 75%，发酵 60 分钟。

11. 发酵好后在表面刷上蛋液。

12. 放入烤箱，以上火 180℃、下火 210℃，烘烤 30 分钟左右即成。

推荐理由：

迎着金色朝阳，让美味诱醒
睡梦中的家人。

北海道金砖吐司

原料

富士山面团 1000 克（制作参见本书 p.136，配方中各材料比例正确即可）

 制作时间 60 分钟 烘烤时间 35 分钟

制作过程

面团操制

1. 将 1000 克富士山面团擀压至 1.5 厘米厚。

2. 再将面团分割成每个 500 克的剂子。

3. 切成三条面团。

4. 将面团编成辫子。

5. 将面团两头压紧。

6. 再将面团压平。

7. 将辫子面团对折。

8. 放入 450 克吐司模具，以温度 25℃、湿度 75%，发酵 120 分钟。

9. 发酵至模具的八分满，盖上吐司模具盖。

10. 放入烤箱，以上火 200 ℃、下火 200℃，烘烤 35 分钟即成。

推荐理由：

　　小朋友的最爱，纵是美食有繁简，难胜辣妈爱无敌。

肉松卷

制作时间 30 分钟　烘烤时间 15 分钟

原料

甜面团 500 克（制作参见本书 p.135，配方中各材料比例正确即可）

装饰材料

火腿丁 100 克，鲜葱丁 30 克，白芝麻 5 克，肉松适量

制作过程

1. 将 500 克的甜面团滚圆，松弛 20 分钟。
2. 将面团擀开。
3. 放入烤盘，在温度 30℃、湿度 75% 的条件下发酵 50 分钟。
4. 发酵好，表面刷上蛋液。
5. 撒上火腿丁、鲜葱丁、白芝麻，挤上沙拉酱。
6. 入烤箱，以上火 200℃、下火 180℃烘烤 15 分钟。
7. 出炉冷却，放在白纸上面，涂抹上沙拉酱，撒上肉松。
8. 卷成圆柱状。
9. 切成 6 等份。
10. 在切面涂抹沙拉酱。
11. 蘸上肉松即成。

制作要点

有时候会发现，烤好的面包里有很大的空洞。这是怎么回事呢？是没有把内馅包紧吗？其实不然，这是由馅料中的水分蒸发造成的。

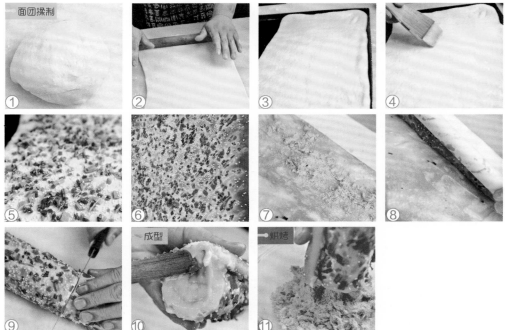

可颂

原料

高筋面粉 400 克，低筋面粉 100 克，砂糖 60 克，盐 10 克，鲜酵母 20 克，鸡蛋 25 克，牛奶 150 克，水 80 克，黄油 25 克，全麦天然酵种 50 克，折叠黄油 250 克

装饰材料

蛋液适量

推荐理由：

酥脆可口，再加上一杯黑咖，顺利开启有营养又活力满满的一天！

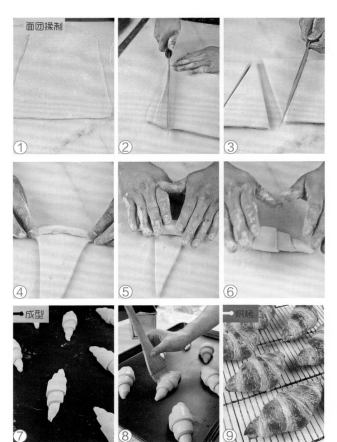

制作过程

1. 将面团搅拌好后，冷冻 2 小时，再包入片状黄油，完成三折三次，擀压至 0.5 厘米厚。

2. 将面团对折，牛角刀斜 45° 角下刀。

3. 将面团分割成高 18 厘米、宽 10 厘米的三角形。

4. 将面团从后向前卷起。

5. 卷成羊角形状。

6. 将接口压紧。

7. 放入烤盘中，以温度 28℃、湿度 75%，发酵 90 分钟。

8. 发酵好后，在表面刷上蛋液。

9. 放入预热好的烤箱中，以上火 210℃、下火 190℃，烘烤 18 分钟即成。

制作时间
30 分钟

烘烤时间
18 分钟

可颂夹心面包

原料

丹麦边角料 500 克，蛋液适量，糖粉适量

馅料

克林姆奶油适量

推荐理由：

用做丹麦剩下的边角料，居然可以做出这么高颜值又好味道的小点心，你也来试试吧。

面团揉制

① ② ③

成型

④ ⑤

烘焙

⑥ ⑦ ⑧ ⑨

制作过程

1. 将丹麦边角料切成小丁。
2. 将小丁揉成团。
3. 分成每个 70 克，揉圆。
4. 再放入模具烤盘中。
5. 以温度 28℃、湿度 75% 发酵 60 分钟，发酵好后在表面刷上蛋液。
6. 放入预热好的烤箱，以上火 210℃、下火 190℃烤 18 分钟。
7. 出炉冷却后从中间切开。
8. 挤上克林姆奶油。
9. 表面撒上糖粉。

 制作时间 210 分钟   烘烤时间 18 分钟

人气食单
最具人气西点
推荐指数
★★★★★

香葱面包

原料

甜面团 240 克（制作参见本书 p.135，配方中各材料比例正确即可）

装饰材料

鲜葱 50 克，洋葱 30 克，蛋液、芝士碎、白芝麻各适量，沙拉酱 50 克

制作过程

面团揉制

1. 将发酵完成的甜面团分割成每个 60 克的剂子，分别滚圆，松弛 20 分钟。

2. 然后将面团擀开。

3. 在面饼一头均匀地切上刀口。

4. 再卷成圆柱状的面团。

5. 放入纸托中，以温度 30℃、湿度 75%，发酵 50 分钟。

6. 发酵好后，表面刷上蛋液。

成型

烘焙

7. 撒上芝士碎和洋葱碎。

8. 再撒上鲜葱。

9. 挤上沙拉酱，撒上白芝麻。

10. 放入烤箱，以上火 200 ℃、下火 180℃，烤 13 分钟。

推荐理由：

健康又美味的四季早餐，口味咸鲜，美食令生命圆满。

制作时间
30 分钟

烘烤时间
13 分钟

牛奶面包

制作时间
180 分钟

烘烤时间
13 分钟

人气食单
最具人气西点
推荐指数
★★★★★

推荐理由：

经典的常是永恒的，简简单单的牛奶面包，足以俘获你的胃，还有味蕾。

① 面团揉制

②

③ 成型

④ 烘烤

原料

甜面团 180 克（制作参见本书 p.135，配方中各材料比例正确即可）

表面装饰

低筋面粉适量

制作过程

1. 将发酵完成的面团分割成每个 60 克，分别滚圆。

2. 放入纸托，以温度 30℃、湿度 75% 发酵 50 分钟。

3. 发酵完成后，表面撒上低筋面粉。

4. 放入烤箱，以上火 200℃、下火 180℃烘烤 13 分钟。

原料

甜面团 180 克（制作参见本书 p.135，配方中各材料比例正确即可）

馅料

巧克力豆 90 克

表面装饰

墨西哥酱适量，巧克力豆适量

制作过程

1. 将发酵完成的面团分割成每个 60 克，分别滚圆，松弛 20 分钟。
2. 将巧克力豆包入面团。
3. 放入纸托中，以温度 30℃、湿度 75% 发酵 50 分钟。
4. 发酵好后，表面挤上墨西哥酱。
5. 再撒上巧克力豆。
6. 放入烤箱，以上火 200℃、下火 180℃烘烤 13 分钟即成。

① 面团揉制
②
③
④
⑤ 成型
⑥ 烘烤

巧克力面包

人气食单
最具人气西点
推荐指数
★★★★★

推荐理由：

这款小面包只是添加了一些小小的巧克力豆而已，却既增加了香气，又使口感更丰富起来。

制作时间 180 分钟　烘烤时间 13 分钟

山药面包

推荐理由：

暖心又暖胃的山药面包，吃
上一口就让人久久难忘。

原料

高筋面粉 500 克（100%），砂糖 90 克（18%），盐 6 克（1.2%），奶粉 15 克（35%），鸡蛋液 100 克（约 2 个），（20%），干酵母 5 克（1%），水 200 克（40%），黄油 60 克（12%）

山药馅　山药馅制作

煮熟山药（压成泥）100 克，砂糖 20 克，黄油 40 克

将所有材料放在一起搅拌均匀即可。

装饰材料

蛋液适量

制作时间 25 分钟　烘烤时间 13 分钟

制作过程

1. 先将干性材料（除黄油外）和湿性材料一起倒入搅拌机搅拌，至面团表面光滑有弹性再加入黄油。
2. 再搅拌至面团能拉开面膜。
3. 以室温 30℃，发酵 50 分钟。
4. 然后将面团分割成每个 30 克的剂子，分别滚圆，松弛 30 分钟。
5. 将面团擀成饼后，包入山药馅。
6. 再将面团包成橄榄形。
7. 接着将三个面团的一头对接在一起。
8. 以温度 30℃、湿度 75%，发酵 50 分钟。
9. 发酵好后，在面包坯表面刷上蛋液。
10. 放入烤箱，以上火 200℃、下火 180℃，烘烤 13 分钟即成。

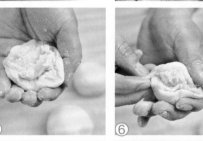

雪白奶酪面包

推荐理由：

    白雪酱加奶酪酱，使得这小小的面包瞬间鲜活起来，看起来高端，其实操作并不难哦。

制作时间
180分钟

烘烤时间
15分钟

原料

高筋面粉 500 克（100%），砂糖 100 克（20%），盐 6 克（1.2%），鸡蛋 75 克（约 1 个）（15%），牛奶 50 克（10%），汤种 100 克（20%），酸奶 30 克（6%），干酵母 6 克（1.2%），奶粉 15 克（3%），水 183 克（36.6%），黄油 60 克（12%）

白雪酱

白砂糖 165 克，鸡蛋 275 克（约 4 个），低筋面粉 275 克

奶酪馅

奶酪 150 克，糖粉 30 克，蔓越莓 30 克，橙皮 15 克

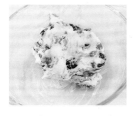

奶酪馅制作

将所有材料一起拌匀即可。

白雪酱制作

将所有材料一起搅拌至浓稠状。

制作过程

面团揉制

①

②

③

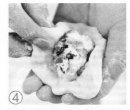
④

成型

⑤

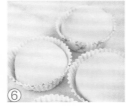
⑥

⑦

烘烤

⑧

制作过程

1. 将除黄油外所有原料一起倒入搅拌机搅拌，至面团表面光滑有弹性，再加入黄油搅拌至能拉开面膜即可。
2. 以室温 30℃醒发 40 分钟。
3. 将面团分割为每个 60 克，分别滚圆，松弛 20 分钟。
4. 将 30 克的奶酪馅包入面团内。
5. 包好后放入纸托中。
6. 以温度 30℃、湿度 75% 发酵 40 分钟。
7. 在发酵好的面团表面挤上白雪酱。
8. 放入烤箱，以上火 200℃、下火 180℃烘烤 15 分钟即成。

制作时间
30 分钟

烘烤时间
15 分钟

花生朵朵面包

原料

A： 高筋面粉 500 克，细砂糖 100 克，
盐 5 克，酵母 5 克，奶香粉 5 克，
蜂蜜 15 克，牛奶 50 克，水 100 克，
鸡蛋 100 克

B： 奶油 50 克，鲜奶油 50 克，花生碎
100 克，花生酱 80 克，热巧克力适量

人气食单
最具人气西点
推荐指数
★ ★ ★ ★ ★

推荐理由：

咬下去，满口浓浓花生香，

永远不败的经典。

制作过程

1. 将材料 A 中的干性材料倒入搅
   拌机，加入湿性材料搅拌。
2. 搅拌至面团光滑有弹性，加入
   奶油搅匀。
3. 搅拌至面团能拉开成面膜。
4. 在室温条件基本发酵 40 分钟。
5. 分割为每个 80 克的小面团，
   分别滚圆松弛 20 分钟。
6. 将面团排气，包入花生酱。
7. 将面团裹上烤好的花生碎。
8. 放入模具在温度 30℃的条件
   下，发酵至八成满。
9. 入烤箱，以上火 180℃、下火
   200℃，烘烤 15 分钟，出炉
   冷却蘸上花生酱，挤上巧克力
   即成。

推荐理由：

　　值得味蕾尝试的新奇，珍爱
凡尘，仰望精神。

制作时间
30 分钟

烘烤时间
15 分钟

白色恋人

原料 馅料

A：高筋面粉 500 克，糖 80 克，盐 8 克，
   蛋黄 100 克，牛奶 200 克，老面团
   100 克，干酵母 8 克

B：奶油 80 克，鲜奶油 20 克，开心果适量

酒渍蔓越莓干适量

白果子皮 白果子皮制作

细砂糖 35 克，奶油 90 克，低筋面粉 80 克

将所有材料搅拌均匀即可。

巧克力酱 巧克力酱制作

黑巧克力 40 克，动物性奶油 50 克

将奶油先煮过，再加巧克力拌匀即可。

制作过程

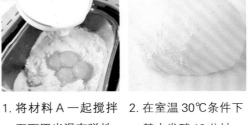

1. 将材料 A 一起搅拌至面团光滑有弹性，加入奶油搅拌均匀。

2. 在室温 30℃条件下基本发酵 40 分钟。

3. 分割成每个 80 克的小面团，分别滚圆松弛 30 分钟。

4. 将小面团擀开，放入蔓越莓干。

5. 将小面团卷成圆柱形。

6. 将面团放入模具，在 30℃下发酵 50 分钟。

7. 在表面挤上白果子皮。

8. 用锯刀将白果子皮磨抹平。

9. 在面团上均匀交叉地挤上巧克力酱，放入烤箱。

10. 以上火 200℃、下火 200℃烤 15 分钟，出炉撒开心果即成。

杂粮玉米面包

推荐理由：

　　唤醒少时最温暖的记忆，根植于
心，不惧人生悲喜消磨。

原料

高筋面粉 450 克（90%），杂粮颗粒 50 克（10%），
砂糖 40 克（8%），盐 5 克（1%），干酵母 5 克（1%），
奶粉 10 克（2%），黄油 40 克（8%），水 300 克（60%），
芝士碎 80 克（16%）

装饰材料

玉米片适量

制作时间
35 分钟

烘烤时间
20 分钟

制作过程

1. 将干性材料（除黄油、芝士碎外）和湿性材料一起倒入搅拌机搅拌。

2. 搅拌至面团表面光滑有弹性，加入黄油。

3. 再搅拌至面团光滑能拉开面膜，接着加入芝士碎，搅拌均匀。

4. 然后搅拌至面团表面光滑能拉开面膜即可。

5. 以室温 30℃，发酵60 分钟。

6. 将面团分割为每个150 克的剂子。

7. 分别将分割好的面团滚圆。

8. 再在面团表面刷上水。

9. 接着将面团蘸上玉米片。

10. 以温度 30℃、湿度 75%，发酵 50分钟。

11. 放入烤箱，以上火 210℃、下火200℃，喷蒸汽，烘烤 20 分钟即成。

推荐理由：

　　柔软中带有嚼劲，口感绵密，营养均衡。

制作时间
30 分钟

烘烤时间
15 分钟

全麦哈斯面包

原料

高筋面粉 400 克（80%），全麦粉 100 克（20%），砂糖 50 克（10%），盐 6 克（1.2%），干酵母 6 克（1.2%），牛奶 320 克（64%），橄榄油 50 克（10%）

馅料

蔓越莓干 300 克

装饰材料

黄油适量，糖粉适量，蛋液适量

制作过程

1. 将所有材料一起搅拌，至面团表面光滑，能拉开面膜即可。

2. 以室温 30℃，发酵 50 分钟。

3. 将面团分割成每个 150 克的剂子，滚圆，松弛 30 分钟。

4. 将面团擀开。

5. 在面饼上放入蔓越莓干。

6. 将面饼卷成橄榄形，放入烤盘中。

7. 以温度 30℃、湿度 75%，发酵 60 分钟。

8. 发酵好，在面包坯表面刷上蛋液。

9. 在面包坯表面划上刀口，挤上黄油。

10. 接着撒上糖粉，放入烤箱。

11. 以上火 200℃、下火 180℃，烘烤 15 分钟即成。

菠萝包

推荐理由：

最爱酥脆的菠萝皮，快乐就是这么细致而简单。

甜面团制作

甜面团（见本书 P138）

菠萝皮材料

黄油 50 克，糖粉 60 克，鸡蛋 20 克，奶粉 7 克，低筋面粉 80 克

菠萝皮制作过程

将黄油和糖粉拌均匀，再分次加入鸡蛋液，搅拌均匀，然后加入过筛的低筋面粉和奶粉，拌均匀即可。

制作时间 28 分钟　　烘烤时间 13 分钟

菠萝包制作过程

1. 将发酵好的面团分割成每个 60 克的剂子。
2. 接着滚圆，松弛 20 分钟。
3. 将菠萝皮分割成每个 20 克的剂子。
4. 将松弛好的面团粘上菠萝皮。
5. 在手掌中心，包成圆形。
6. 将菠萝皮均匀地包在面团表面。
7. 然后蘸上砂糖。
8. 用切面刀划上菠萝印。
9. 将面包坯放入烤盘。
10. 以温度 30℃、湿度 70%，发酵 50 分钟。
11. 放入烤箱，以上火 200℃、下火 180℃，烘烤 13 分钟即成。

栗子面包

原料

甜面团 160 克（制作参见本书 p.135，配方中各材料比例正确即可）

馅料

栗子馅 100 克

表面装饰

糖霜适量，栗子 4 颗，蛋液适量

推荐理由：

小圆面包里是香香的栗子馅，顶上的整颗栗子仿佛在表明身份，亲测好吃，你要不要试试？

① ② ③

④ ⑤ 成型 ⑥

⑦ 烘烤 ⑧ ⑨

制作过程

1. 将发酵好的面团分割成每个 40 克，分别滚圆，松弛 20 分钟。
2. 将面团按压排气。
3. 然后包入栗子馅。
4. 把接口压捏紧。
5. 接着放入纸托中。
6. 以温度 30℃、湿度 75% 发酵 40 分钟。
7. 发酵好后，表面刷上蛋液。
8. 放入烤箱，以上火 200℃、下火 180℃烘烤 13 分钟，出炉冷却后挤上糖霜。
9. 最后放上栗子即可。

制作时间 180 分钟

烘烤时间 13 分钟

制作时间 180 分钟

烘烤时间 13 分钟

巧克力菠萝面包

推荐理由：

原料

菠萝面包和巧克力面包的组合版，两种风味一次拥有，感觉好极了。

高筋面粉 400 克（80%），低筋面粉 100 克（20%），可可粉 10 克（2%），砂糖 100 克（20%），盐 6 克（1.2%），干酵母 5 克（1%），鸡蛋液 60 克（约 1 个）（12%），汤种 100 克（20%），牛奶 250 克（50%），黄油 60 克（12%）

菠萝皮

黄油 50 克，糖粉 60 克，鸡蛋液 20 克，奶粉 7 克，低筋面粉 80 克

菠萝皮制作过程

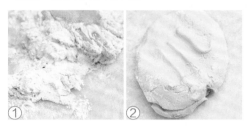

1. 将黄油和糖粉拌均匀，再分 2~3 次加入鸡蛋液。
2. 搅拌均匀，然后加入过筛的低筋面粉和奶粉，拌均匀即可。

制作过程

1. 将所有原料一起搅拌，至面团表面光滑有弹性后加入黄油，再搅拌至面团能拉开光滑面膜即可。
2. 以室温 30℃ 发酵 50 分钟。
3. 将面团分割成每个 60 克。
4. 将分割好的面团都滚圆，松弛 20 分钟。
5. 将面团裹上菠萝皮。
6. 再在手掌中心包成圆形。
7. 接着用切面刀划上菠萝印。
8. 把面团放入烤盘。
9. 以温度 30℃、湿度 70% 发酵 50 分钟。
10. 发酵完成，在面团表面盖上烤盘。
11. 放入烤箱，以上火 200℃、下火 180℃ 烘烤 13 分钟即成。

蜂蜜柚子茶吐司

制作时间 240 分钟　烘烤时间 25 分钟

推荐理由：

用来冲饮或者抹面包的蜂蜜柚子茶又有新用途了，用它做出的吐司面包松软香甜，好吃得不得了。

原料

甜面团 900 克（制作参见本书 p.135，配方中各材料比例正确即可）

馅料

蜂蜜柚子茶 200 克

装饰材料

蛋液适量，糖渍橙皮适量，墨西哥酱适量

制作过程

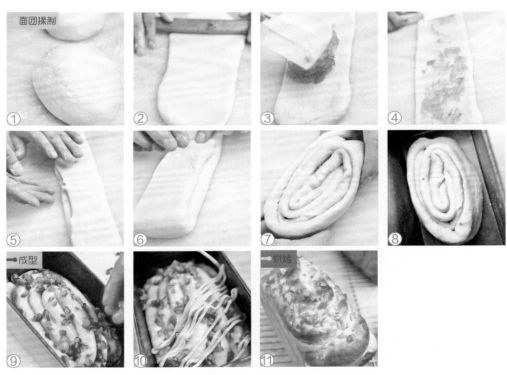

1. 将发酵好的面团分割成每个 450 克，分别滚圆，松弛 20 分钟。

2. 将面团擀开。

3. 在面饼表面涂抹上蜂蜜柚子茶。

4. 蜂蜜柚子茶要涂抹均匀。

5. 将面饼两边对折起来。

6. 然后换方向对折。

7. 卷成花卷的形状。

8. 放入 450 克吐司模具，以温度 30℃、湿度 75% 发酵 60 分钟。

9. 在发酵好的面团表面刷一层蛋液，撒上适量橙皮丁。

10. 挤上墨西哥酱。

11. 放入烤箱，以上火 170℃、下火 210℃烘烤 25 分钟即成。

意大利综合香料面包

原料

花式调理咸面团 360 克（制作参见本书
p.135，配方中各材料比例正确即可。）

火腿馅

火腿丁 150 克，洋葱丁 50 克，意大利综
合香料 2 克，沙拉酱 80 克，芝士粉 20 克

馅料制作

将所有材料一起搅拌均匀即可。

人气食单
最具人气西点
推荐指数
★ ★ ★ ★

推荐理由：

奇异香料大汇合之香与中药

膳有异曲同工之妙。

装饰材料

蛋液适量

制作过程

1. 将花式调理咸面团
擀开。

2. 然后卷成圆柱形。

3. 再搓成长条形。

4. 将长条两头接起来，
用手搓压紧。

5. 将长条两头接起来，
用手搓压紧。

6. 发酵好后，在表面
刷上蛋液。

7. 再放上火腿馅。

8. 放入烤箱，以上
火 200 ℃、下火
190℃，烘烤 15 分
钟即成。

重油面包

种面团材料　种面团制作

高筋面粉100克（20%），干酵母1克（0.2%），盐2克（0.4%），牛奶60克（12%）

将所有材料一起搅拌均匀，冷藏发酵一夜，备用。

主面团材料　装饰材料

高筋面粉400克（80%），砂糖50克（10%），奶粉10克（2%），鸡蛋300克（约5个）（60%），干酵母6克（1.2%），盐8克（1.6%），黄油250克（50%）

蛋液适量

皮里欧许面团制作过程

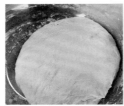  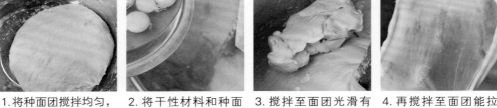 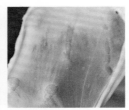

1. 将种面团搅拌均匀，冰箱冷藏发酵一夜，备用。

2. 将干性材料和种面团倒入搅拌机中，加入湿性材料搅拌。

3. 搅拌至面团光滑有弹性后，加入黄油。

4. 再搅拌至面团能拉开面膜即可。

5. 以室温28℃，发酵60分钟。

6. 发酵好后，将面团分割成每个60克。

7. 分别滚圆，松弛20分钟。

拿铁鲁制作过程

1. 将面团用手轻轻揉捏光滑。

2. 放入450克吐司模具中，温度28℃、湿度75%发酵。

3. 发酵至模具的六分满后，表面刷上蛋液，放入烤箱。

4. 以上火170℃、下火210℃，烘烤25分钟即成。

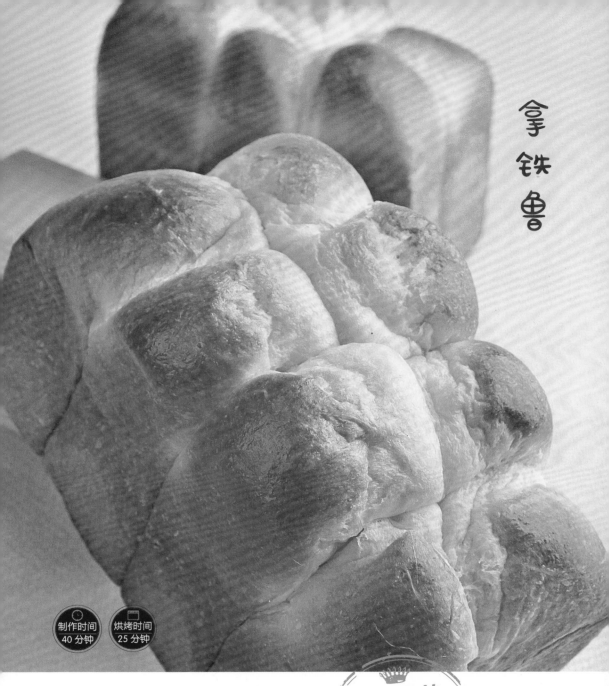

拿铁鲁

制作时间
40 分钟

烘烤时间
25 分钟

人气食单
最具人气西点
推荐指数
★★★★

推荐理由：

布里欧修的衍生品，高油高

蛋，口感自然不错。

制作时间
240 分钟

烘烤时间
13 分钟

黑白巧克力布里欧面包

原料

原味布里欧面团 300 克（制作参见本书 p.137，配方中各材料比例正确即可）

馅料

克林姆酱 150 克，巧克力克林姆酱 150 克，蔓越莓干和蓝莓各适量

装饰材料

黑巧克力、白巧克力各适量，蛋液适量

推荐理由：

仿佛艺术家的作品，带着随意的线条，看一眼赏心悦目，吃一口唇齿留香。

◀面团揉制

①

②

③

④

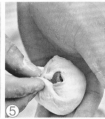
⑤

⑥

成型

⑦

⑧

烘烤

⑨

制作过程

1. 将发酵完成的布里欧面团分割成每个 50 克，分别滚圆，松弛 20 分钟。
2. 将面团按压排气。
3. 一半包入克林姆酱和蔓越莓干。
4. 另一半再包入巧克力克林姆酱和蓝莓。
5. 将接口捏紧，包成圆形。
6. 放入模具中，以温度 28℃、湿度 75% 发酵 50 分钟。
7. 发酵好后，表面刷上蛋液。
8. 放入烤箱，以上火 200℃、下火 190℃烘烤 13 分钟。
9. 出炉冷却，分别淋上事先加热化开的黑巧克力和白巧克力线条即成。

布鲁斯面包

制作时间
360 分钟

烘烤时间
8 分钟

原料

原味布里欧面团2个（制作参见本书 p.137，配方中各材料比例正确即可），每个300克；抹茶粉5克

推荐理由：

原味和抹茶的布里欧面包，再配上杏仁片和玫瑰糖浆，是不是感觉食指大动？

杏仁奶油馅

克林姆酱 100 克，
杏仁奶油 100 克，
一起搅拌均匀即可。

糖浆 装饰材料

水 100 克，砂糖 200 克
煮至浓稠状，冷却备用。

玫瑰糖浆 200 克，玫瑰花瓣、
杏仁片、开心果、糖粉各适量

制作过程

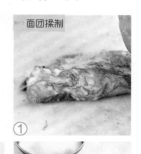
①

1. 将一个原味布里欧面团加入抹茶粉，揉成圆圆的面团。
2. 再将另一个原味布里欧面团放在案板上。
3. 将其揉成表面光滑的圆面团。
4. 将两个面团分别放入铁桶里。
5. 以温度 28℃、湿度 75% 发酵 50 分钟。
6. 放入烤箱，以上火 170℃、下火 210℃烘烤 20 分钟。
7. 出炉冷却，将面团切成片状。

8. 先在原味面包片表面刷上糖浆。
9. 涂抹上杏仁奶油馅。
10. 撒上杏仁片。
11. 再将抹茶味的面包片涂抹上玫瑰糖浆。
12. 涂抹上杏仁奶油馅。
13. 再放入烤箱，以上火 210℃、下火 180℃烘烤 8 分钟，出炉冷却，在抹茶面包片表面撒上糖粉，放上开心果和玫瑰花瓣，在原味面包片表面撒上糖粉。

制作时间 300 分钟
烘烤时间 30 分钟

法国乡村长棍面包

人气食单
最具人气西点
推荐指数
★★★★

推荐理由：

既可以当"武器"，又可以拿来果腹，清淡的原麦香味飘来，即使小孩子也会爱吃的。

原料

乡村面团 3 个（制作参见本书 p.137，配方中各材料比例正确即可），每个 300 克

制作过程

1. 面团发酵好，分割成长条形。
2. 将长条形扭成麻花状。
3. 注意 3 根面棍的长短要一致。
4. 放入烤盘，以温度 30℃、湿度 75% 发酵 60 分钟。
5. 发酵至原体积的两倍大。
6. 放入烤箱，设置上下火 220℃、喷蒸汽状态下烘烤 30 分钟即成。

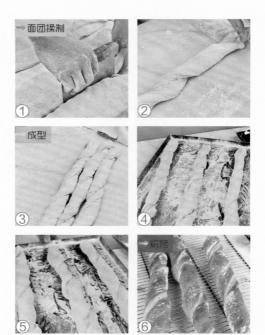

面团揉制 ①
②
成型 ③
④
⑤
烘焙 ⑥

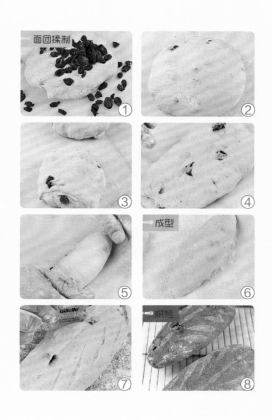

乡村面团 800 克（制作参见本书 p.137，配方中各材料比例正确即可），酒渍蔓越莓 100 克

制作过程

1. 将乡村面团和酒渍蔓越莓用手拌均匀。

2. 以室温 30℃发酵 60 分钟。

3. 然后分割成每个 300 克，分别滚圆，松弛 20 分钟。

4. 再将面团对折排气。

5. 卷成橄榄形。

6. 放入烤盘，以温度 28℃、湿度 75%，发酵 60 分钟。

7. 发酵好后，在表面划上树叶纹刀口。

8. 放入预热好的烤箱，设上火 220℃、下火 200℃、喷蒸汽状态烘烤 25~30 分钟即成。

乡村蔓越莓面包

人气食单
最具人气西点
推荐指数
★★★★

推荐理由：

蔓越莓和面包非常配哦，果香和麦香诱人食欲，做法也很简单呢。

制作时间 240 分钟　烘烤时间 30 分钟

"雨来的时候，没有半点声响；就像在古代，一个隐士，走很远的路去见另一个隐士。"

我们盘膝坐在河边，安安静静，享受春光，风拂过青草地，内心干净得如同等水填满的空碗。

也或者谈笑，你是我将要认识的你，比以往更可爱的你。

果酱、碎面包、水果拼盘，不想那么多，做一个吃喝玩乐的自然主义者。

制作时间 35分钟
烘烤时间 20分钟

欧式马铃薯面包

原料

高筋面粉 400 克（80%）， 低筋面粉 100 克（20%）， 砂糖 15 克（3%），盐 10 克（2%）， 奶粉 10 克（2%），干酵母 5 克（1%）， 鸡蛋 50 克（1 个）（10%）， 黄油 30 克（6%）， 水 250 克（50%）

马铃薯馅制作

将 100 克煮熟土豆丁、30 克火腿丁、20 克沙拉酱、适量黑胡椒一起拌均匀即可。

推荐理由：

超级绵软，简单食材搭出招牌范儿。

装饰材料

低筋面粉适量

① 面团揉制 ② ③ ④
⑤ ⑥ ⑦ 成型 ⑧ 烘烤

制作过程

1. 将所有材料（除黄油外）一起搅拌，至面团表面光滑，再加入黄油搅拌至面团能拉开面膜即可。

2. 以室温 30℃，发酵 60 分钟。

3. 将面团分割成每个 100 克的剂子，分别滚圆，松弛 30 分钟。

4. 将面团按压排气，包入马铃薯馅料。

5. 包成圆形，放入烤盘，以温度 30℃、湿度 75%，发酵 60 分钟。

6. 发酵好后，在表面撒上低筋面粉。

7. 在顶部剪上十字刀口。

8. 放入烤箱，以上火 200℃、下火 190℃，喷蒸汽，烘烤 20 分钟即成。

德式乡村蘑菇面包

原料

高筋面粉 400 克（80%），低筋面粉 100 克（20%），裸麦粉 150 克（30%），盐 8 克（1.6%），干酵母 10 克（2%），汤种 70 克（14%），全麦天然酵母种 75 克（15%），水 300 克（60%）

装饰材料

黑麦粉适量

推荐理由：

可爱的造型，筋道的口感，添加裸麦粉使得这款面包营养价值更高。

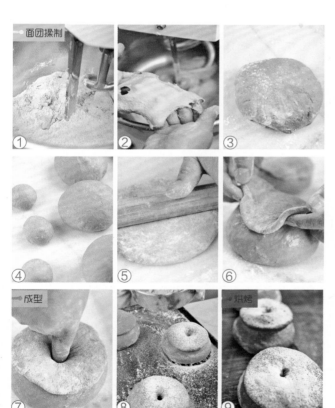

制作过程

1. 将所有原料倒入搅拌机中一起搅拌。

2. 搅拌至面团光滑有弹性，能拉开面膜即可。

3. 以室温发酵 40 分钟左右。

4. 将面团各分割成 400 克和 100 克，分别滚圆，松弛 30 分钟。

5. 将 100 克面团擀开呈圆形。

6. 将 400 克面团滚圆，将 100 克圆面团盖在上面。

7. 用手指在面团中间插一个孔。

8. 以温度 30℃、湿度 75%，最后发酵 50 分钟左右，然后在表面撒上黑麦粉。

9. 放入烤箱，设置上下火 200℃、喷蒸汽状态下烘烤 35 分钟左右即成。

推荐理由：

　　制作简单，面包湿度适口，无黄油并加入燕麦的配方营养100分。

人气食单
最具人气西点
推荐指数
★★★★★

英式燕麦吐司

原料

高筋面粉 500 克（100%），砂糖 40 克（8%），盐 10 克（2%），干酵母 6 克（1.2%），牛奶 40 克（8%），水 300 克（60%），燕麦 150 克（30%）

制作时间
240 分钟

烘烤时间
35 分钟

制作过程

面团揉制

1. 将所有原料一起放入搅拌机搅拌。

2. 搅拌至面团光滑，能拉开面膜即可。

3. 以室温 30℃ 醒发 60 分钟。

4. 发酵完成后将面团分割成每个 200 克。

5. 将面团对折。

6. 将面团再次对折。并擀开。

成型

烘烤

7. 把面饼卷成圆柱形。

8. 放入 1000 克吐司模具中，以温度 30℃、湿度 80% 发酵 60 分钟。

9. 发酵至模具八分满，盖上吐司模具盖。

10. 放入烤箱，以上火 210℃、下火 200℃，烘烤 30~40 分钟即成。

意式番茄佛卡夏

人气食单
最具人气西点
推荐指数
★★★★★

原料

高筋面粉 250 克（100%），砂糖 15 克（6%），盐 5 克（2%），干酵母 2 克（1.6%），蛋液 20 克（8%），水 150 克（60%），黄油 18 克（7.2%）

装饰材料

橄榄油适量，意大利香料适量，番茄片适量

推荐理由：

这款面包上铺了番茄片和意大利香料，充满了浓浓的意大利风情，有披萨的即视感。

 制作时间 240 分钟　 烘烤时间 13 分钟

制作过程

1. 将面团搅拌至表面光滑有弹性，以室温 30℃发酵 50 分钟。

2. 将面团分割成每个 100 克，滚圆，松弛 30 分钟。

3. 将面团擀成圆形。

4. 放入烤盘，以温度 30 ℃、湿度 75% 发酵 40 分钟。

5. 发酵好，在面团表面刷上橄榄油。

6. 再放上番茄片。

7. 撒上意大利香料。

8. 放入烤箱，以上火 200℃、下火 180℃ 烘烤 15 分钟即成。

推荐理由：

领略法国起司魅力，让人迷恋的美味面包。

法国起司

原料

芝士丁 100 克，法国面团 450 克
（法国面团制作参见本书 p.136，配方中各材料比例正确即可。）

制作过程

1. 将面团分割成每个 150 克，分别滚圆，松弛 30 分钟。

2. 将面团按压排气，再放上芝士丁。

3. 然后将面团对折。

4. 再放入芝士丁。

5. 将面团卷成橄榄形。

6. 放入烤盘，以温度 30℃、湿度 75%，发酵 60 分钟。

7. 发酵好后，在表面划上刀口。

8. 放入烤箱，以上火 220℃、下火 200℃，喷蒸汽烘烤约 30 分钟即可。

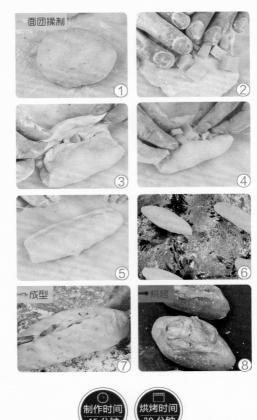

制作时间 45 分钟　烘烤时间 30 分钟

第五篇

爆款甜点、零食

生活中苦辣酸甜各味皆有，但如果将它们在集体中分担开来，苦的那部分就会减少，甜的那部分就会增加双倍。

所以，"吃"的意义，不仅是满足味蕾与身心，更重要的是一起分享的乐趣。

巧克力牛轧糖

原料

A：水 50 克，糖 25 克，盐 2 克，水麦芽 275 克

B：蛋白霜粉 25 克，糖 12 克，水 25 克

C：无水奶油 25 克，苦甜巧克力 50 克

D：奶粉 65 克，可可粉 15 克

E：熟花生 300 克

▶ *Tips*（小贴士）

　　无水奶油是利用植物油等油脂为原料，生产出的与天然奶油物理性质相似的产品，可以在网店购买到。

人气食单
最具人气西点
推荐指数
★ ★ ★ ★ ★

推荐理由：

　　浓醇巧克力淡淡的苦味，中和棉花糖的甜腻，味道更内敛，回味很足哦！

制作过程

1. 将熟花生放入烤箱内，设定至 120℃保温。将材料 C 混在一起，用中火隔水加热至化开，备用。

2. 材料 A 依次倒入锅中，煮至 130℃。

3. 取手动搅拌器，用中快速将材料 B 打至中性发泡，成鸡尾状。

4. 将步骤 3 中的材料倒入煮好的材料 A 中，边倒入边搅拌打发，快速搅拌均匀。

5. 转成慢速，加入化好的材料 C、材料 D，搅拌均匀。

6. 将热好的熟花生倒在不粘布上。

7. 将步骤 5 的材料倒在熟花生上，折叠成长方形。

8. 将长方形擀开。

9. 切成长 3.2 厘米、宽 1.2 厘米、厚 2 厘米的小块即可。

①　②　③
④　⑤　⑥
⑦　⑧　⑨

熬煮时间
10 分钟

制作时间
35 分钟

糖现在已经是一种平常不过的调味品了。它带给人的感受，纯粹而愉悦。结晶与味蕾的碰撞，是值得被歌颂的甜蜜。在过去的时代里，糖是非常稀有和昂贵的奢侈品。许多人家把它当作宝贝，只有在重要的时刻才舍得拿出来分享。而如今，工厂生产的糖果已经变成唾手可得的零食供人们日常享受了。糖果拥有华丽的外衣，斑斓的色彩，以及奇幻的造型。

但是，只有你尝试过亲自动手制作糖果，才知道那份甜蜜中蕴藏着的，是小心翼翼的专注，是赏心悦目的心情。

熬煮时间 8分钟　制作时间 20分钟

QQ 软糖

原料

吉利丁片 50 克，浓缩葡萄汁 150 克，糖 180 克，水麦芽 260 克，水 80 克，浓缩柠檬汁 5 克

制作要点

材料配方中的两种果汁也可以用其他果汁代替，以便制作成多种口味的 QQ 软糖。

推荐理由：

天然浓郁的果汁富含健康维生素C。超萌超可爱造型，咀嚼起来乐趣无穷。

   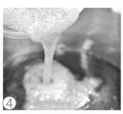

①　　　②　　　③　　　④

⑤　　　⑥　　　⑦　　　⑧

制作过程

1. 将浓缩葡萄汁倒入盆中，放入吉利丁片浸泡大约 5 分钟，使其充分吸收水分，备用。

2. 将水麦芽与糖一起放入盆中，加入水，直火加热至完全化开，继续加热至 118℃ 左右停火。

3. 待吉利丁片完全泡软吸收水分后，用中大火隔水加热至其完全溶解。

4. 将热糖浆倒入吉利丁中，混合搅拌均匀。

5. 之后再加入浓缩柠檬汁拌匀。

6. 将浆料倒入小量杯中，以方便入模。

7. 浆料倒入软胶模具中，送入冷柜使其凝固。

8. 浆料凝固后即可从模具中取出，表面可以裹上一层细砂糖装饰。

冲绳黑糖

推荐理由：

红砂糖制作，添加了水麦芽和花生碎，是孩子们可以适当食用的健康糖果。

熬煮时间 8 分钟

制作时间 20 分钟

原料

水 160 克，盐 1 克，红砂糖 160 克，水麦芽 180 克，花生碎少许，白油少许

制作过程

1. 将水、盐依次倒入锅中。
2. 将红砂糖全部倒入锅中。
3. 再将水麦芽全部倒入锅中。
4. 将以上材料搅拌均匀，边搅拌边大火煮制，至 135℃停火。
5. 模具抹上少许白油，倒入七分满的材料，撒上少许花生碎。
6. 在花生表面淋满锅中剩余的糖浆。
7. 冷却后脱模即可。

▶ *Tips*（小贴士）

白油是白色的矿物质，通常适用于食品上光、防粘、密封等方面，此处是为了辅助食品脱模。白油可以在网店购买，如果没有也可以用黄油代替。

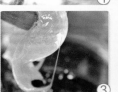

瑞士糖

原料

A：吉利丁粉15克，水30克
B：水50克，水麦芽90克，细砂糖175克
C：奶油15克，奶粉15克
D：水50克，细砂糖100克，水麦芽75克
E：芝麻100克

推荐理由：

奶香浓郁，夹杂着芝麻的香气，筋道弹牙的口感令人欲罢不能。

制作过程

1. 将吉利丁粉放入30克水中，待其完全吸收水分后，取出，备用。将原料B大火煮至121℃，然后加入泡软后的吉利丁粉。

2. 用电动搅拌器将原料A、原料B快速搅打至呈韧性。

3. 加入奶油拌匀，用电动搅拌器快速打发，然后加入奶粉快速搅拌均匀。

4. 将原料D大火煮至132℃。

5. 将煮好的原料D加入搅好的材料中，搅拌均匀。

6. 将做好的材料倒在不粘布上。

7. 略冷却后，搓成长条。

8. 滚动蘸上芝麻，切成段即可。

 制作要点

长条搓圆后，横截面圆的直径最好为1.2厘米。

熬煮时间 15分钟　制作时间 40分钟

①　②　③　④　⑤　⑥　⑦　⑧

熬煮时间
10 分钟

制作时间
30 分钟

棉花糖

原料

A：玉米淀粉 300 克

B：温水 70 克，明胶粉 25 克

C：白醋 3 克，水 4 克

D：水 100 克，细砂糖 200 克，葡萄糖

　　粉 100 克，麦芽糖 150 克

E：浓缩果汁 1 滴

推荐理由：

松软，雪白的小模样，甜到

心的感觉，任一颗少女心泛滥。

制作要点

1. 加入白醋起稳定作用。

2. 可以依照自己的喜好选择浓缩果汁的颜色，也可以用 50 克草莓果泥代替

　　制作出颜色。

制作过程

1. 先将玉米淀粉在 100℃的烤箱里预热，然后铺平在桌子上，备用。

2. 将材料 D 依次放入锅中煮沸，转小火煮至 112℃熄火，冷却至 80℃。

3. 加入用温水化好的明胶粉。

4. 加入 1 滴浓缩果汁。

5. 放入搅拌盆中，用电动搅拌器快速搅打 7 分钟，至硬性发泡。

6. 将材料 C 拌匀，加入搅拌盆中，搅拌均匀。

7. 倒在预先铺好的玉米淀粉上。

8. 冷却 8 分钟后，用模具压出自己喜欢的图案即可。

花生脆糖

原料

熟花生 500 克，水 120 克，砂糖 180 克，
麦芽糖 230 克，盐 4 克

▶ *Tips*（小贴士）

　　花生糖是采用洁净花生米、蔗糖等原
料制作而成的。夏季气候潮湿闷热，糖易
粘连或霉变，不宜多做。花生糖香甜酥脆，
物美价廉，是人们最喜爱的糖果之一。

人气食单
最具人气西点
推荐指数
★ ★ ★ ★

推荐理由：

甜蜜脆香老味道，老爸老妈
也爱吃。

 熬煮时间 10 分钟

 制作时间 30 分钟

① ② ③ ④
⑤ ⑥ ⑦ ⑧

制作过程

1. 将熟花生放入烤箱中，预热后设定 100℃
   保温。将砂糖、麦芽糖放入锅中，用中火
   加热拌匀。
2. 再将盐和水放入锅中，用木铲快速拌匀。
3. 边搅拌边用大火煮至 140~142℃。
4. 直到煮至颜色焦黄时停火。
5. 趁热倒入熟花生，快速拌匀。
6. 倒在不粘布上，用擀面杖推压，将糖与花
   生压匀。
7. 用模具推压成长方形，晾凉至微温。
8. 切成小块，放入瓶中保存即可。

熬煮时间
5 分钟

制作时间
20 分钟

奶香巧克力

原料

淡奶油30克，奶油65克，黑巧克力酱200克，白兰地酒10克，杏仁粉50克

▶ *Tips*（小贴士）

　　通常所说的白兰地是以葡萄为原料，通过发酵而制成的酒。其中以法国出产的最为有名。本材料可以用40度左右的普通白酒代替，但口味会稍有不同。

推荐理由：

　　凡尘俗世皆忘，这一刻我只宠爱自己。

制作过程

1. 淡奶油倒入容器内，用大火隔水加热。

2. 加入奶油，搅拌均匀。

3. 倒入黑巧克力酱，用木铲调匀。

4. 加入杏仁粉，搅拌均匀。

5. 加入白兰地酒，调匀。

6. 将原料搅拌至黏稠状。

7. 将巧克力挤成大小均匀的圆球。

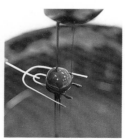

8. 待巧克力球凝固后，在上面淋上一层黑巧克力酱。

自制果丹皮片

推荐理由：

酸酸甜甜，健康好吃又开胃。

熬煮时间
45分钟

制作时间
25分钟

原料

山楂 600 克，白糖 270 克，清水 50 克

制作过程

① ② ③ ④ ⑤ ⑥ ⑦ ⑧ ⑨ ⑩ ⑪

1. 山楂洗净，摘去梗，用小刀挖出蒂部，掏出果核。

2. 将处理好的山楂及糖、清水放入电压力锅内。

3. 加锅盖压约 20 分钟。

4. 压好的山楂很软烂了。

5. 用搅拌机将山楂打成果浆状。

6. 打好的山楂果浆用细的网筛过滤一次，以滤去皮渣。

7. 过滤好的山楂泥。

8. 将山楂泥放入小锅内用小火煮片刻，煮至山楂泥可以挂在木匙上即可。

9. 取一平盘，在盘上铺上油纸。

10. 将山楂泥倒在盘内用橡皮刮板刮平整。

11. 放入预热至 150℃的烤箱内，以 150℃、中层烤 60 分钟，用手触摸表皮凝结，按压下去无明显指痕，即表示凝结变干了，此时即可小心翼翼地将果丹皮掀起。

葡萄酱

人气食单
最具人气西点
推荐指数
★★★★

推荐理由：

亲手制作爱的滋味，酸酸甜

甜就是它。

熬煮时间 25 分钟　制作时间 40 分钟

原料

葡萄 300 克，葡萄果肉 200 克，浓缩柠檬汁 4 克，冰糖 4 克，白砂糖 15 克，果冻粉 2 克

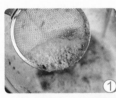

制作过程

1. 将葡萄连皮、籽一起打成 300 毫升泥汁，用漏勺捞出漂浮物，备用。

2. 在 200 克葡萄果肉中，加入浓缩柠檬汁。

3. 再加入冰糖。

4. 加入白砂糖，用中大火熬至黏稠状，调至

中小火熬煮至透明状。

5. 果冻粉与少许水拌匀，加入锅中，煮沸 2~3 分钟，拌匀使果冻粉完全化开，趁热装瓶。

微波炉草莓酱

原料

草莓粒 200 克，细砂糖 80 克，浓缩柠檬汁 8 克，橄榄油 1 克

熬煮时间 5 分钟　制作时间 15 分钟

推荐理由：

春光无限好，又到成熟季，我和草莓有个约会。

制作过程

1. 草莓洗净，沥干水，切成小丁，放入耐热的玻璃碗中，加入细砂糖，跟浓缩柠檬汁混合拌匀，成浆料，静置 10 分钟。
2. 滴入橄榄油，不需包上保鲜膜，放入微波炉中，用高火加热 10 分钟。
3. 取出浆料，将表面浮沫捞出，搅拌均匀。
4. 再次放入微波炉中，继续高火加热 5~8 分钟，煮出果酱的浓稠感即可。

 美味泡芙

香草泡芙

面糊原料

水 250 克，牛奶 250 克，黄油 250 克，
盐 10 克，白砂糖 15 克，低筋面粉 300 克，
鸡蛋 500 克

香草奶油原料　香草奶油制作

香草荚 1/2 根，淡奶油 500 克，糖粉 50 克

淡奶油、糖粉、香草籽一起打发至硬性。

人气食单
最具人气西点
推荐指数
★★★★★

推荐理由：

口感细腻润滑，阳光下，优若仙子下凡尘。

 制作时间 35 分钟　 烘烤时间 25 分钟

① 面团揉制

②

③

④

⑤ 烘烤

⑥ 装饰

⑦

制作过程

1. 水、牛奶、盐、白砂糖、黄油一起倒入锅内煮开。
2. 加入低筋面粉快速搅匀，继续边搅边煮收干水分。
3. 倒入打蛋桶打至散热。

4. 鸡蛋打散，分次加入正在打发的面糊中。
5. 打发完成后，装入裱花袋挤入烤盘。以 180℃，烘焙 25 分钟。
6. 每个泡芙顶部切开，泡芙内挤入香草奶油。
7. 环绕挤成花型即可。

　　这世间太多事物，美得让人难以承受。比如母亲的手，比春风更轻柔；比如婴儿的眼睛，比蓝天更清澈；比如充满奶香味的泡芙，像蜜一般甜。这世界对孩童而言，太过新奇，他的眼中满是光彩。母亲聆听着宝贝的呼吸，轻吻着他的每根小指头，想要把所有的温柔都给予他，愿他的成长环境，暖如春风。

制作时间 35分钟　烘烤时间 25分钟

西点师手记

你有没有好奇过泡芙里的空洞？

泡芙源自意大利，传说是凯瑟琳·德·美第奇的厨师发明的，16世纪传入法国。

有人说：因为汉密哈顿奶油和汉密哈顿蛋糕走进了婚礼的殿堂，所以有了汉密哈顿奶油蛋糕。而深爱着汉密哈顿奶油的面包只能把爱埋在心里，变成了一只之乐夫泡芙。当你咬下第一口，你就会爱上它。法国人偏爱长型泡芙，因为总能在很短的时间里吃完，好似闪电般的速度而得名闪电泡芙。而在英国，泡芙也是下午茶的必备点心。泡芙作为吉庆、友好、和平的象征，人们在许多重要的场合中，都习惯将它堆成塔状，也叫作泡芙塔。

说起泡芙，最受欢迎的就属奶油泡芙和闪电泡芙了。当泡芙面糊内部膨胀，并且一直保着膨胀的形状烘烤，就形成了泡芙。面糊所含的水分在烤箱中受热度的影响而变成水蒸气，蒸气在面糊里可以产生力量，从内向外推挤，从而使面糊膨胀。而为了使泡芙膨胀的效果好，在制作的时候，加热面糊是很重要的步骤。当面糊受热，面粉中的淀粉就可以完全糊化。

你有没有好奇过泡芙里的空洞？其实它是借由面糊中的水分在烤箱加热变成水蒸气而形成的，所以配方里水分的含量非常重要。泡芙的制作不同于大多数的糕点，要做出延展性强的面糊才能使它的膨胀度合适，加热的温度时间也很容易控制不好。所以做泡芙面糊的时候不仅要在热水中加入面粉混拌，之后还要再将面糊加热，以糊化面粉中的淀粉，来达到理想的面糊状态。

（文／车奔）

闪电泡芙

面糊原料

水 250 克，牛奶 250 克，黄油 250 克，盐 10 克，白砂糖 15 克，低筋面粉 300 克，鸡蛋 500 克

香草奶油原料　香草奶油制作

香草荚 1/2 根，淡奶油 500 克，糖粉 50 克

淡奶油、糖粉、香草荚一起打发至硬性。

人气食单
最具人气西点
推荐指数
★ ★ ★ ★ ★

推荐理由：

灵动的美貌，吃掉第一口就会被吸引，速度如闪电般迅猛地吃掉它。

装饰材料

糖粉，蓝莓，草莓，薄荷

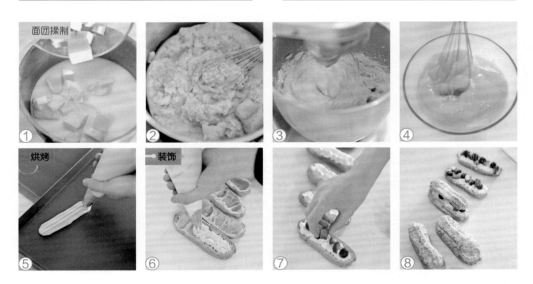

① 面团揉制　②　③　④
⑤ 烘烤　⑥ 装饰　⑦　⑧

制作过程

1. 水、牛奶、盐、白砂糖、黄油一起倒入锅内煮开。
2. 加入低筋面粉快速搅匀，继续边搅边煮收干水分。
3. 倒入打蛋桶打至散热。
4. 鸡蛋打散，分次加入正在打发的面糊中。
5. 将打发好的面糊装入裱花袋，在烤盘内挤出 8 厘米长的条，以 180℃烘烤 25 分钟。
6. 每个泡芙顶部切开，泡芙内挤入香草奶油馅。
7. 装饰新鲜水果。
8. 再撒上糖粉即可。

天鹅泡芙

面糊原料

水 250 克，牛奶 250 克，黄油 250 克，盐 10 克，白砂糖 15 克，低筋面粉 300 克，鸡蛋 500 克

香草奶油原料　香草奶油制作

香草荚 1/2 根，淡奶油 500 克，糖粉 50 克

淡奶油、糖粉、香草荚一起打发至硬性。

人气食单
最具人气西点
推荐指数
★★★★

推荐理由：

多了一份优雅与精致，小资情调的下午茶或闺蜜约会，美好的友情滋养身心！

① 面团揉制　② ③ ④

⑤ 烘烤　⑥ 装饰　⑦ ⑧

制作过程

1. 水、牛奶、盐、白砂糖、黄油一起倒入锅内煮开。

2. 加入低筋面粉快速搅匀，继续边搅边煮收干水分。

3. 倒入打蛋桶打至散热。

4. 鸡蛋打散分次加入正在打发的面糊中。

5. 打发完成后装入裱花袋，挤入烤盘，以180℃烘烤 25 分钟。

6. 少量面糊挤入烤盘，挤成数字 2 的形状，以 170℃烘烤 10 分钟。

7. 每个泡芙顶部切开，切下来的泡芙皮对半切开。泡芙内挤入香草奶油馅，插入两片翅膀及天鹅头部。

8. 用巧克力酱点缀天鹅眼睛即可。

口水馅挞

挞皮原料

黄油60克，糖粉25克，鸡蛋25克，盐1克，面粉100克

草莓奶馅

蛋黄60克，白砂糖75克，面粉25克，牛奶250毫升，香草荚1/2根

装饰材料

草莓、薄荷、糖粉

草莓奶馅制作

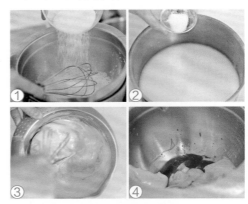

1. 将蛋黄、白砂糖、面粉同搅匀。
2. 牛奶、香草荚倒入锅内煮温热，倒入蛋黄中搅匀。
3. 再倒回锅内煮开。
4. 加入草莓酒搅匀。

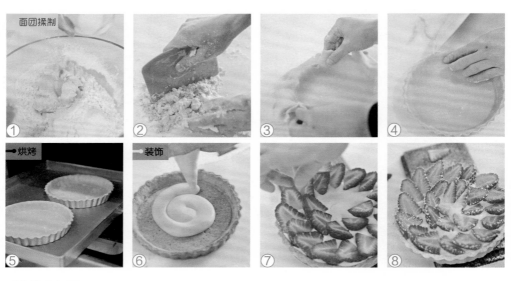

制作过程

1. 黄油室温软化成膏状。
2. 糖粉、盐、面粉加入黄油中拌匀。
3. 加入鸡蛋揉成面团。
4. 将面团擀薄放入挞模中，用刀去除多余面皮，冷藏5分钟。
5. 入烤箱，以170℃烘烤15分钟。
6. 将草莓奶馅装入裱花袋，挤入挞内。
7. 草莓洗净，沥干水，一切为二，装饰挞饼。
8. 再撒上糖粉，点缀上薄荷叶即可。

水果奶馅挞

推荐理由：

小清新的外表，清香扑鼻，冰凉奶油醇厚香滑，凡尘俗世皆忘于那一秒。

制作时间
25 分钟

烘烤时间
15 分钟

苹果派

人气食单
最具人气西点
推荐指数
★★★★

推荐理由：

天冷了来一份暖暖的苹果派，简简单单的幸福日子。

制作时间 45 分钟　烘烤时间 30 分钟

原料

黄油 170 克，水 80 克，低筋面粉 360 克，盐 2 克，绵糖 10 克

馅料

苹果 3 个，玉米淀粉 10 克，水 60 克，黄油 15 克，蛋黄 20 克，绵糖 100 克，柠檬汁 30 克，肉桂粉 3 克，豆蔻粉 3 克

馅料制作

①

②

③

④

⑤

⑥

1. 先将苹果去皮去核，切成小丁，备用。

2. 将黄油放入盆中，加热化开。

3. 再加入备用的苹果碎、绵糖、柠檬汁和 30 克水，炒至苹果水分收掉一部分。

4. 待苹果稍显透明，将 15 克水和玉米淀粉混合后加入，边煮边搅拌至浓稠状。

5. 然后加入过筛的肉桂粉和豆蔻粉，搅拌均匀，备用。

6. 将蛋黄与 15 克水混合搅拌均匀，备用。

派皮制作过程

1. 先将低筋面粉过筛，再和盐、绵糖搅拌均匀。

2. 将黄油加入，搅拌成颗粒状。

3. 加80克水，以压拌方式拌成面团，松弛20分钟。

4. 将面团擀开成4毫米厚的面皮。

5. 面皮放在派盘内，将多余的部分去除干净。

6. 将派皮稍作修整，在底部用叉子打上小孔。

7. 将馅料倒入派盘内，用勺子抹平。

8. 将剩余的派皮擀开成3毫米厚的面皮。

9. 用叶子形压模压出4个叶子形孔的面皮。

10. 将叶形孔的面皮放在馅料的上面。

11. 将多余的面皮去除干净，在派表面均匀地刷上蛋黄液。

12. 将压出的叶子面皮，在表面用刀背划出叶子的叶脉图案。

13. 将叶形面皮摆在派皮的表面，再在表面刷上蛋黄液。

14. 入炉烘烤，以上下火均210℃烘烤大约30分钟，待表面呈金黄色即可取出。

制作时间 45 分钟　烘烤时间 35 分钟

番茄芝士派

派皮原料

黄油 100 克，绵糖 45 克，鸡蛋 40 克，
低筋面粉 175 克，泡打粉 1 克

芝士馅料材料

奶油芝士 180 克，绵糖 70 克，鸡蛋 60 克，
鲜奶油 70 克，番茄干适量，光亮剂适量

人气食单
最具人气西点
推荐指数
★ ★ ★ ★ ★

推荐理由：

健康美味好搭配。

派皮制作

1. 先将黄油与绵糖搅拌至微发。
2. 再分次加入鸡蛋搅拌均匀。
3. 将低筋面粉和泡打粉过筛后加入，拌成面团状，松弛20分钟。

 ①  ②  ③

馅料制作

1. 将奶油芝士和绵糖搅拌至微发。
2. 再分次加入鸡蛋搅拌均匀。
3. 将鲜奶油慢慢加入，拌匀备用。

 ①  ② ③

组合制作过程

 面团擀制

 ①  ②  ③  ④

1. 将松弛好的面团擀开成4毫米厚的面皮。
2. 将面皮放入派盘内，去除多余的部分。
3. 稍作修整后，在派皮底部打上小孔。
4. 将备用的芝士馅料挤入派盘内，震平。

 装饰 ⑤  烘烤 ⑥  ⑦

5. 在表面摆放上番茄干。
6. 以上下火190℃/200℃烘烤大约35分钟。
7. 出炉后在表面刷上光亮剂，冷却后脱模即可。

图书在版编目（ＣＩＰ）数据

爆款西点 / 王森 编著. –– 青岛:青岛出版社, 2016.11
（巧厨娘·人气食单系列）
ISBN 978-7-5552-4793-7

Ⅰ.①巧… Ⅱ.①王… Ⅲ.①西点 – 制作 Ⅳ.①TS972.12

中国版本图书馆CIP数据核字(2016)第264491号

书　　　名	爆款西点
系 列 名	巧厨娘·人气食单
编　　著	王　森
出版发行	青岛出版社
社　　址	青岛市海尔路182号（266061）
本社网址	http://www.qdpub.com
邮购电话	13335059110　0532-68068026
策划编辑	周鸿媛　杨子涵
责任编辑	杨子涵　徐　巍
特约编辑	李德旭
设计制作	任珊珊　宋修仪　潘　婷
印　　刷	青岛嘉宝印刷包装有限公司
出版日期	2017年1月第1版　2017年6月第2次印刷
开　　本	16开（710mm×1010mm）
印　　张	14
字　　数	120千
图　　数	1282幅
印　　数	10001-13000
书　　号	ISBN 978-7-5552-4793-7
定　　价	32.80元

编校印装质量、盗版监督服务电话：4006532017　0532-68068638
建议陈列类别：美食类　生活类